여행자의 식탁

Traveler's Table.

Hans Media

이번 여정은 실은 2015년 7월부터 시작되었어요. 저희가 진심으로 좋아하는 일들에 관한
이야기라 금세 원고를 마무리할 수 있을 것 같았지만, 어떤 책을 써야 하나 고민하는 동안
몇 번의 계절이 지나버렸습니다. 정확히는, 처음이자 마지막 출간이 될지 모를 저희의
첫 책《피렌체 테이블》에 너무 많은 것을 쏟아부어서 한동안은 더 이상 하고 싶은 이야기가
없었던 것 같아요. 쓰고 싶은 우리 안의 목소리를 찾는 데 이렇게 오랜 시간이 걸릴 줄은
미처 몰랐습니다.

예정대로라면《여행자의 식탁》이 아니라 '한국판 킨포크' 같은 책이 나왔을 거예요. 저희
부부가 사람들을 집으로 초대해 음식을 '차리고', 온기를 나누는 게 콘셉트여서 처음에는
마냥 재밌겠다 싶었지만, 1년이 지나도록 거의 진척이 되지 않았어요. 돌이켜 생각해보면,
밖에서 음식 '차리는' 일을 매일같이 해내야만 하는 아내나 그걸 곁에서 지켜보는 저나,
사람들을 집으로까지 초대해 음식을 '차려내고' 싶지는 않았던 것 같아요.
영화 〈카모메식당〉의 주인공 사치에가 "하고 싶은 일을 해서 행복한 게 아니라,
하고 싶지 않은 일을 하지 않아서 좋은 거예요." 라고 했던 말을 떠올려보니
좀 더 명쾌한 기분이 들면서 결국 펜을 잠깐 내려놓았습니다.

그사이 저희는 홋카이도로, 방콕과 치앙마이로, 하노이로, 그리고 가까운 제주와 통영으로
가벼운 발걸음을 이어갔습니다. 5년 전 피렌체 때처럼 여행을 통해 인생의 어떤 의미를
찾아야겠다는 부담은 전혀 없이, 그저 마음 내키는 대로 행선지를 정해 비행기에 몸을 싣곤
했어요. (부부가 함께 일하는 건 이럴 땐 참 좋더군요.) 원래 저희가 하는 일이 이런 쪽이기도 하고,
둘 다 가리는 것 없이 잘 먹는 성미여서도 그랬겠지만, 이국에서 접했던 음식 한 그릇과
그 주변의 공기들이 저희에겐 강렬한 인상의 경험으로 남곤 했지요. 오바마 대통령이
들렀다는 가게에서 끝내주는 맛의 분짜와 맥주를 5천 원이면 넉넉히 즐길 수 있다거나,
똠얌꿍을 스프가 아닌 스파게티와 피자로도 먹을 수 있다거나, 눈이 키만 한 높이만큼 쌓인

Prologue.

거리를 헤치고 찾아간 가게에서 관동식 스키야키를 한 점 한 점 정성스레 익혀 먹는다거나 하는 것들은 우리가 살아가는 일상의 장면들 속에서는 거의 일어나지 않는 일들이니까요. '자, 이 기분을 그대로 기억해뒀다가 집으로 돌아가서 음식만이라도 한번 재현해볼까' 하고 생각했던 게 이 책의 출발점이 되었습니다.

이 책은 타이틀 그대로 여행과 음식, 두 가지의 테마로 구성되어 있습니다. 디지털이 아닌 필름으로 모두 촬영된 사진들과 저희 부부 각자의 취향이 녹아든 여행지의 음식 이야기를 따라가다 보면, 집으로 돌아와 이 메뉴들을 하나씩 만들어 먹고 있는 차리다 부부를 만나실 수 있을 거예요. 그런 만큼 이 책을 펼쳐든 누군가가 '별거 아니잖아. 나도 그럼 집에서 한번 만들어 먹어 볼까' 하며 집 근처에서 장을 봐 식탁을 차리는 작은 계기라도 된다면 그것만큼 근사한 일도 없을 것 같습니다. 그대로 따라 해보면 아시겠지만 구하기 어려운 식재료를 찾아다녀야 하는 귀찮음만 조금 감수하면 홋카이도를, 치앙마이를, 하노이를, 그리고 제주를 식탁 위에서 펼칠 수 있습니다. 정말 감쪽같을 정도로 말이에요.

레시피를 적어두긴 했습니다만 과감하게 더하고 빼는 것을 두려워하지 마시기 바랍니다. 레시피에는 사실 정답이 있을 수 없으니까요. 그렇게 자신만의 느낌과 방식으로 요리를 만들어가다 보면 음식도 여행도, 그리고 좀 더 길게는 인생도 본인만의 레시피로 잘 채워지지 않을까요? 《여행자의 식탁》이 스스로의 여정을 찾아가는 누군가에게 작지만 따뜻한 위로와 응원이 되길 바랍니다.

Traveler's Table.

SATURDAY
Suntory Whisky

Hokkaido, Japan

Hanoi, Vietnam

Jeju, Korea

Chiang Mai, Thailand

Hokkaido

o, Japan

홋카이도, 일본

Trav
Hokkaido, Japan

eler.

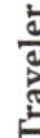

눈 쌓인 홋카이도에서 사람들은 자주 검은 물체로 보였다.

일정하게 깜빡이며 한 칸씩 앞으로 움직이는 옛 PC화면 속의 검고 작은 픽셀.

모두가 검은색 옷을 입고 있는 건 아니었지만, 새하얀 눈으로 뒤덮인 홋카이도에서는

순백이 아닌 것들은 모두 검게 보였다. 백색이 이토록 강렬한 색상이었다니.

Hokkaido, Japan

도쿄에서 유학하던 시절, 일본을 상징하는 이미지는 어쩌면 후지산이나

도쿄타워가 아니라 관람차가 아닐까 생각한 적이 있다.

대도시인 삿포로는 그렇다 쳐도, 아사히카와 도심에서 수십 킬로미터 떨어진

한적한 어느 휴게소 옆에서 관람차를 발견한 순간 '거봐, 내 생각이 맞잖아.' 싶어

괜한 웃음이 났다.

일본 어디를 가도 꼭 하나씩은 눈에 띄는 관람차를 보면, 손익분기점은 고사하고

직원 월급도 제때 못 줄 것 같은데 '일본 정부로부터 관람차 산업 육성을 위한

보조금이라도 받는 건가.' 하는 생각마저 든다.

우리가 치킨집을 내듯 '자, 퇴직금으로 관람차나 해볼까.' 하는 사람들이 있는 건 아닐 테고,

관련 법에 따라 각 시도별 지자체는 반드시 하나 이상의 관람차를 갖춰야 한다는 조항이

있지 않을까 상상하는 게 좀 더 현실적인지도 모르겠다.

직업란에 '관람차 매표소 직원'이나 '관람차 수리공'이라고 적을 수 있는 사람들이 존재한다면

그곳은 아마도 일본이 유일할 것이다. 직접 확인해보진 못 했지만《전국에서 가장 로맨틱한

관람차 100선》같은 서적도 반드시 출간되어 있을 것이다. 일본은 그런 곳이니까.

그렇긴 해도 우리는 관람차라면 일단 타고 보는 편이다. 태어나서 처음으로 관람차를 타본 게

몇 살이었는지, 지금까지 몇 번이나 타보았는지는 잘 기억나질 않는다. 일단 일본을 제외한

국가에서는 유원지 밖에서 관람차를 마주하는 일 자체가 극히 드문 일이니까.

당연한 이야기겠지만, 삿포로 시내 건물의 지붕에는 흰 눈이 가득했다.

특별히 설경이어서가 아니라, 하늘에서 내려다보는 세상은 언제나 아름답고 고요하다.

그래서 우리는 매번 관람차 표를 끊는다.

겨울의 홋카이도에서는 인도와 차도만 빼고 대부분 허리 높이까지, 심한 곳은 어깨 부근까지

눈이 쌓여 있었다. 서울에서 이미 각오는 하고 왔지만, 이 정도일 거라고는 상상하지 못했다.

무엇을 상상하든 그 이상의 눈을 볼 테니 눈에 관해서는 그냥 속 편히 가는 게 좋다.

봄이 찾아와 이 눈이 모두 녹아내릴 때까지 일 년 중 6개월가량을 이런 풍경 속에서

매일매일의 삶을 견뎌내는 인간들이 있다고 생각하니 새삼 존경스러운 마음이 든다.

우리는 못 할 것 같다.

(누구 앞에서도 약한 모습 보여주기 싫어하는)
카리스마 넘치는 보스라도 이 정도 겨울은
춥고 괴롭겠지. 으, 추워.

삿포로를 출발해서 오타루를 거쳐 요이치까지 가는 열차 안에는 조용한 적막이 감돈다.

그러는 가운데 홋카이도의 설국 열차는 레버를 쥐고 있는 기관사의 익숙한 손놀림에 맞춰

움직이고 섰다를 반복하면서 까만 레일만 드문드문 보이는 선로 위를 따라

조심스레 앞으로 나아간다.

그들에겐 익숙한 반복이겠지만, 우리에게는 무엇이든 생경한 쌀쌀한 풍경.

가족들이 기다리는 집으로 돌아가는 사람들의 뒷모습에서는 그래도 온기가 느껴진다.

성실한 기관사만큼이나 성실하게 대오를 맞춰
사무실로 복귀하는 홋카이도의 근로자들.

오늘의 목적지는, 요이치의 닛카 증류소.

요이치는 사실 우리 여정에 포함되어 있지 않은 곳이었는데 우리가 홋카이도에

체류 중이라는 걸 안 한 선배가 가보길 권했다. 커피와 위스키를 좋아하는

선배다운 추천. 요이치에는 일본 위스키의 본산이라고 할 수 있는 '닛카 증류소'가 있다.

증류소에 가면 양껏 마실 수 있다는 위스키로 그럼 몸을 좀 녹여볼까, 싶은 생각에

발걸음은 경쾌할 따름. 12월 25일부터 1월 8일까지 휴무라 입장할 수 없다는 건

누구도 알려주지 않았습니다만…. (이런 당혹스러움도 여행의 즐거움이라면 즐거움이겠죠.)

증류소는 문을 닫았지만 이왕 여기까지 온 거 마을이나 천천히 둘러보자 싶었는데,

역시 인적이 거의 없다. 마을의 가장 큰 생산 기지일 증류소가 쉬는 연말연시에는

이곳 사람들도 한적한 시간을 보내는 것이겠지.

그나저나 저 핑크색 간판의 '스코틀랜드 펍'은 묘한 상상력을 불러일으켰다.

문을 열었다면 꼭 들러봤을 것 같은데, 아쉽게도 역시 'closed'.

어릴 땐 그렇게 끔찍하게 생각되던 핑크가 나이가 들어 그런지 이상하게

점점 좋아지고 있다. 핑크라 불릴 수 있는 컬러는 세상에 차고 넘치지만,

정말 아름답게 조색된 핑크는 많지 않다.

진짜 핑크를 갖기란 어려운 일이다.

요이치에는 다소 이상할 정도로 이발소가 많았다.

이 시즌에 요이치에 문을 연 건 이발소가 유일했다.

평소 한잔하러 가기 전 다들 머리부터 단정하게 다듬는 건가.

위스키를 대하기 전 지켜야만 하는 어떤 절차와 의식이 요이치에는 있는 것일지도.

요이치에서 만나지 못한 닛카는 막상 삿포로에서 자주 마주쳤다.
여기도 닛카, 저기도 닛카.
괜히 억울하다.

NIKKA
ウイスキー創業者 竹鶴政孝の
ウイスキー。
NIKKA WHISKY

추운 날씨를 싫어하는 건 아니지만, 추운 데서 오랫동안 기다리는 건 괴롭다.

전 세계 어딜 가나 꼭 장사가 잘 되는 가게가 있는데, 삿포로의 '니조 시장'에도

특정한 가게에만 사람이 몰려 있었다. 그런 가게라면 괜히 뭐라도 하나 먹고 싶어진다.

앉자마자 시원한 '나마비루(생맥주)' 한 잔. 날씨가 춥건 덥건 상관없다. 아직 음식으로

속을 채우기 전 들이키는 맥주에는 쾌감을 넘어선 쾌락이 있다. 홋카이도에 머무는 동안에는

'Only 홋카이도'에서만 맛볼 수 있는 삿포로 사의 한정 맥주로 마셨다. 줄곧.

Hokkaido, Japan

의자에 세 명, 스탠딩으로 네 명. 좁은 벽 뒤로 가려져 보이지 않던 노모는 우리가 앉자마자

따뜻한 미소시루와 녹차를 내고, 그 아들은 손님의 주문에 맞춰 생선살을 썰어낸 뒤

밥 위에 올린 다음 다소 투박하지만 정성을 다하는 손놀림으로 쥐어 스시를 낸다.

대체로 이렇게 '확장을 염두에 두지 않는 듯한' 집은 믿을 만하다. 길을 가다 이런 가게를

발견하면 우리는 그냥 지나치지 못한다. 방금 식사를 마치고 나오는 길이라 해도

일단 자리를 잡고 본다. 세련되진 않아도 한국에서 먹는 웬만한 고급 스시보다 맛이 좋았다.

장사가 잘된다 싶으면 프랜차이즈부터 생각하는 비즈니스적 인간들은 흉내낼 수 없는 깊이가

있다. 한 끼라도 이런 식사를 대접받으면, 그날은 기분이 아주 좋아진다.

엄연히 '니혼햄 파이터스'라는 지역 연고팀이 있는 홋카이도에서 일본 열도의 남쪽

후쿠오카를 연고로 하는 '소프트뱅크 호크스'를 응원하는 건 상당한 용기가 필요한 일이다.

누군가는 '그깟 공놀이'에 뭘 그렇게 목숨을 거냐고 할지도 모르지만, 승부가 걸린

세계의 일이라 그게 생각처럼 간단하지 않다.

10여 년 전에 보스턴에서 뉴욕 양키스 옷을 입고 무심코 길을 나섰다가 살의를 느낀 적이

있다. 어린 시절을 '야구의 도시' 부산에서 보낸 나는, 상대 팀에 어이없이 승리를 헌납한

롯데 자이언츠의 구단 버스가 불타오르는 장면을 여러 번 봤다.

사나이들은 그깟 공놀이에 목숨을 건다.

그런 면에서 '나 (후쿠오카의) 호크스 팬이야.'라고 당당히 말하는 이 가게에서는 어떤 결기가

느껴졌다. 이 정도 뚝심 있는 사장이라면 그날그날의 식재료도 제법 깐깐하게 고르지 않을까

싶은 근거 없는 믿음. 야구만 보느라 생업에는 무관심한 남자일 수도 있지만.

드디어 이번 여행의 가장 큰 이유, '비에이'로 가기 위한 관문인

JR 아사히카와역에 도착했다는 즐거움도 잠시.

모든 경계가 지워져 있는 거리는 거의 슬로프 수준이다.

렌트카로 비에이까지 가겠다는 생각이 무모한 건 아니었을까 걱정부터 앞선다.

이 정도일지 누가 알았겠냐고!

"차를 뺄 수는 있는 건가요?"

"아아, 저 차는 아닙니다."

2001년에 운전면허를 딴 이후 운전석이 오른쪽에 있는 차는 한 번도 몰아본 적이 없다.

운전석 위치야 금방 익숙해진다고 해도, 차선이 반대인 도로 위에서 좌회전과 우회전이

헷갈리면 어쩌지 싶어 아사히카와까지 가는 내내 머릿속으로 시뮬레이션을 해보았다.

물론 슬로프처럼 눈이 쌓여 있는 도로는 내 시나리오에 없었지만.

몇 번의 심호흡 끝에 기어를 D로 바꾸고 사이드브레이크를 풀어 길을 나선다.

차고지에서 나와 도로 위에 차를 올린 지 1분도 채 되지 않아 두 번쯤 경적을 받고 보니

(일본 운전자들은 웬만하면 경적을 울리지 않는다.) 정신이 번쩍 들었다.

그러고는 신기하게도 금세 익숙해졌다.

'음, 별거 아니잖아. 내가 쓸데없이 긴장했던 거야.'

그런데 한 15분쯤 지났을까. 차는 앞으로 잘 나가는데, 뭔가 몸이 조금 부자연스럽다는

느낌이 들어 문득 핸들 아래의 두 발을 보니 한 발은 엑셀에,

그리고 다른 한 발은 브레이크에 올려두고 페달을 딸깍딸깍.

'덜덜덜.' (참고로 오토 차량은 발을 하나만 사용해야 합니다.)

비에이고 뭐고 6시간 뒤 렌트카 회사로 사고 없이 돌아와야 한다고 생각하니,

웃음기가 다시 싹 사라졌다.

입술이 왠지 바짝바짝 마르는 것 같은 이 긴장감.

특별한 목적지가 있는 것은 아니었다. 길을 가다 마음에 드는 곳이 있으면
그때그때 차를 세우고는 루시드 폴과 정준일의 음악을 배경 삼아 먼 곳을 응시하거나,
삿포로에서 준비해온 커피를 내려 마셨다.

눈과 눈 사이로 깊이를 알 수 없는 에메랄드빛 물이 흐른다.

'차가 핑크색이야!'

틈나는 대로 서로를 찰칵. '어쨌든 가장 찍기 편하니까요.'

"이 책을 읽고 계실 독자 여러분께는 죄송스러운 말씀이지만,

홋카이도의 겨울 풍경은 어떤 언어로도 제대로 표현할 수가 없습니다.

직접 가서 보고 느끼시는 수밖에는."

온통 눈으로 덮인 풍경을 처음 보는 게 당연히 아니었는데도,

'선과 면으로만 이루어진 듯한 완만한 세상'은 생애 처음이라

무척 낯선 기분이 드는 홋카이도의 겨울.

어디가 시작이고 어디가 끝인지 분간할 수 없는, 원근감마저 사라진 설원.

Hokkaido, Japan

Tab
Hokkaido, Japan

Chapter 01
l e .

Hairy Crab

털게

Hokkaido, Japan

우리에게 시장은 언제나 가장 흥미로운 곳이다. 이 고장 사람들이 요즘 무엇을 어떻게 먹고 사는지 보려면 시장만 한 곳이 없다는 건 당연하다. 그래서 우리 여행의 첫 번째 행선지는 대개 그 도시의 시장이나 큰 슈퍼마켓 중 하나로 좁혀진다. 좁은 통로를 따라 걸으며 진열된 식재료를 들여다보고, 손님들이 무엇을 고르는지 관찰하며, 가게에서 파는 음식들을 하나씩 사 먹어보는 것, 이 모든 것들이 우리에게는 공부가 된다. 경험보다 앞서는 지혜가 없다는 말은, 특히 우리 같은 일을 하는 사람들에게 이론의 여지가 없다.

삿포로 니조 시장은 그렇게 큰 규모는 아니었지만, 가게마다 새빨간 털게들이 몸을 다닥다닥 붙이고 앉아 있어 둘러보는 재미가 있다. 가격이 어떻게 매겨지는지는 잘 모르겠지만 크다고 비싼 게 아니고, 작다고 저렴한 게 아닌 걸 보니 털게 상인들에게는 또 그들만의 세계가 있을 것이다. 어쨌거나 아무리 들여다봐도 껍질만 봐서는 어느 게 맛있을지 상상할 수 없다. 들여다본다 해도 마찬가지일 것이다.

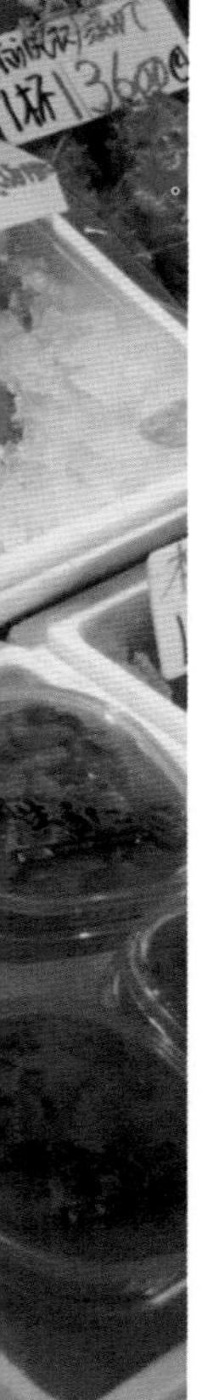

우니(성게알)도 있고, 평소라면 절대 그냥 지나치지 못하고 선 채로 화이트 와인에 곁들여 그대로 몇 개는 까먹었을 석화도 드문드문 보이지만, 오늘은 털게로 정했다. 삿포로에 왔으니 일단 털게를 먹어보자.

이번 겨울에 홋카이도에 갈 거라고 했더니 이미 다녀온 사람들이 모두 다 입을 모아 '털게찜'을 꼭 먹어보라고 했다. 털게가 뭔지 궁금해서 찾아보니 말 그대로 '털이 난 게'였다. 시장에 가면 즉석에서 쪄주는 털게찜을 먹을 수 있고, 시내에는 털게로 뭐든지 만들어서 코스로 맛볼 수 있는 가게들도 많다고 했다. 홋카이도에 다녀온 사람들의 SNS를 검색해보니 너 나 할 것 없이 모두 털게를 먹고 오는 모양이다. 삐죽삐죽 난 털 때문에 먹으려고 입을 갖다 대면 입술부터 찔려 버리진 않을까 걱정을 하며 우리도 니조 시장으로 향했다.

니조 시장을 빙 둘러 가장자리에 있는 가게에서는 거의 다 털게를 팔았다. 킹크랩도 있었는데 이미 빨갛게 쪄서 얼려놓은 상태였다. 털게보다 훨씬 크고 양에 비해 가격도 저렴해서 킹크랩을 먹는 사람들도 꽤 많다. 그러나 킹크랩은 보기에는 그럴싸하고 푸짐해 보였지만 왠지 오리지널 느낌은 아니다. 확인해본 건 아니지만 왠지 홋카이도에서 엄청 떨어져 있는 다른 나라의 바다에서 난 것을 수입해서 팔고 있는 게 아닐까 하는 의심도 들었다. 가끔은 상품 진열을 기가 막히게 해놓거나 너무 편리하면 오히려 상업적으로 느껴져서 꺼려지는데 킹크랩이 꼭 그랬다. (돌아와서 확인해보니 홋카이도산 킹크랩도 유명하다고 합니다…. 오해해서 미안해요.)

우린 가장 끄트머리에 있는 집으로 갔다. 털게찜으로는 니조 시장 안에서 가장 유명한 집인 듯도 싶고, 왠지 가장 '시장스러운' 집이어서 여길 택했다. 가게 앞에서 성게알을 굽고 있는 아저씨에게 털게찜을 먹고 싶다 했더니 가게 안쪽에 있는 큰 수조 앞으로 오라고 한다. 그리고 몇 마리를 꺼내서 무게를 달아주며 각각 가격을 말해준다. 둘이서 먹는다고 했더니 7만 원 짜리 털게를 추천해준다. 사실 둘이 먹기에는 좀 작아 보일 정도의 사이즈다. '좀 비싼데….' 싶어 서로 눈빛을 교환한다. 남편은 조개랑 성게알도 좀 먹고 싶어 하는 눈치인데, 아저씨는 우리의 눈빛 교환을 이해한 것마냥 좀 더 작은 털게로 골라준다. 저울에 달아보니 요놈은 5만 원 정도다. 싸지 않은 가격이다. 하지만 더 작은 걸 골랐다가는 털게의 털만 쪽쪽 빨아먹어야 될 것 같아서 이 녀석으로 정했다.

털게를 고르니 번호표를 적어주며 테이블로 안내한다. 가게 안쪽에 작은 방이 있는데 테이블 사이에 공간이 없어서 모두가 한 일행인 것처럼 붙어 앉아 있다. 얇은 초록색 종이를 깐 테이블 위에는 방금 쪄서 김이 나는 털게가 올라가 있다. 우리도 한자리 차지하고 기다리는데 아무래도 조금 답답한 것 같아 밖으로 다시 나와 야외석에 앉았다. 영하의 날씨에도 분위기를 따지는 우리지만 이렇게 추울 거라는 걸 미처 몰랐다. 털게가 쪄지는 40분이 이렇게 길게 느껴질 줄이야. 계획대로 성게알구이와 가리비구이도 주문했다. 이 두 가지는 바로 구워주기 때문에 빨리 나온다. 다른 테이블도 털게를 기다리다 지쳤는지 가리비구이는 기본으로 시키는 편이다. 우리는 이 좋은 안주를 앞에 두고 술을 한잔 안 할 수가 없어서 급하게 근처 편의점에 가서 300엔짜리 컵 사케를 사왔다. 따뜻하게 데워서 먹고 싶었지만 그럴 수 있는 여건이 아니라서 아쉬움이 남았다. 그러나 영하의 날씨에 마시는 차가운 사케도 나쁘지 않았다.

우리 둘 다 성게를 정말 좋아하지만 구이로 먹어본 적은 없다. 성게를 껍질째로 벌려서 불에 올려 구우니 성게에서 나온 물이 자글자글 끓어오른다. 저 국물 한 방울까지도 흘리지 말고 마셔버리겠다 생각한다. 조금 더 구워지면 아저씨가 토치로 윗부분을 한 번 더 익히는데, 이때 겉 부분이 타닥타닥 타면서 구수한 향이 난다. 헌데 성게알은 익으면 익을수록 작아져만 가니 슬프다.

성게가 적당히 익었다 싶으면 껍질째로 테이블에 가져다준다. 한 입, 아니 반 입이면 될 것 같은 사이즈지만 작은 스푼으로 아껴가며 맛을 본다. 성게알의 바다향이 온 입안으로 천천히 퍼지고, 녹진한 오렌지색 국물이 혀를 감싸며 기품 있는 맛을 낼 거라 상상해본다. 하지만 한 입 맛보고 나니 그간의 상상과 기대가 와르르 무너져 내린다. 바다향이라고는 전혀 없는 다소 메마른 맛. 성게알을 먹는 이유가 사라져버렸으니 실패한 요리가 아닌가 생각한다. 성게알은 앞으로도 쭉 생으로 먹어야겠다고 다짐했다.

다음으로 나온 가리비구이는 언제 뿌렸는지 모를 간장 맛만이 내 입안에 짠기를 남긴다. 바닷물을 그대로 내뱉는 듯한 이 짠맛. 바다에 빠져 허우적대다가 억지로 삼켜버린 바닷물 같은 맛. 아무리 생수를 마셔도 가시지 않는 그런 짠기만이 가득하다. '이 구이들은 역시 눈으로 먹는 것이었나.', '이 집의 쇼맨십이었구나.', '아, 역시 관광지의 상업성에 우리가 다시 한번 속아 실패했구나.' 하는 배신감이 밀려온다. 사케로 입안을 달래고 차분히 털게를 기다린다.

드디어 우리 번호가 불리고 털게가 나왔다. 모락모락 김이 나는 털게는 뚜껑이 열린 채 아름다운 자태로 접시에 담겨 있었다. 삐죽삐죽 난 털들 때문에 어디서부터 어떻게 먹기 시작해야 할까 싶은데 자세히 보니 먹기 좋도록 다리에 모두 가위집이 내어져 있다. 가위집이 난 부분을 벌리니 하얀 살이 꽉 차 있다. 빈 공간이 거의 없다. '게찜'의 세계에서 살이 쏙쏙 빠진다는 건 (먹기엔 편하겠지만) 살이 비어 있다는 말이고, 살이 꽉 차 있다는 것은 반대로 살 빼 먹기는 쉽지 않다는 뜻이 된다. 당연히 먹기에 수월한 것보다야 살이 들어찬 것이 백배는 더 좋다. 생각보다 배를 든든히 채울 수 있을 것 같아 5만 원짜리 작은 털게를 고르길 잘했다는 생각이 들어 안심이 됐다.

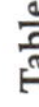

껍질을 벌리고 젓가락으로 살을 가득 들어 올려 먹는다. 껍질에 남아 있는 살들은 손가락을 삽

처럼 이용해서 긁어모아 한입에 먹는다. 짭쪼름하지만 짜지는 않은 적당한 간에 촉촉하고 감

칠맛 나는 게 맛이 좋다. 게를 안 먹어본 사람은 거의 없을 테니 '맛있는 게 맛'이라고 표현하는

게 정확하겠다. 꽃게보단 단맛이 없고 대게와 좀 비슷한 맛이다. 대게보단 살에 탄력이 조금 더

있는 것 같다. 철갑옷처럼 단단해 보였던 껍질이 의외로 부드러워서 입에 넣고 껍질을 잘근잘

근 씹으면 조금 남아 있는 안쪽 구석의 살까지도 살뜰히 맛볼 수 있다.

게살을 손가락으로 구석구석 긁어 먹다 보니 손가락 끝이 쪼글쪼글해진다. 게에서 줄줄 흐르는 물이 아까워서 손목까지 핥아 먹는다. 40분을 밖에서 기다린 탓에 온몸이 꽁꽁 얼어 있었지만 혀끝만큼은 게살을 충분히 느끼고 있었다. 추위를 견뎌낸 시간이 다행히 아깝지 않았다.

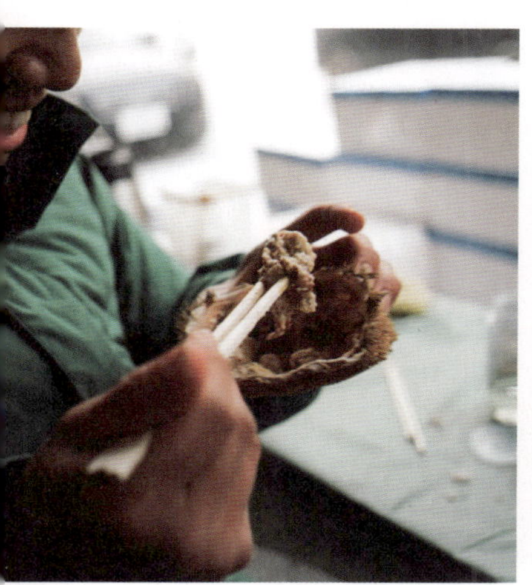

사케와 털게를 야무지게 다 먹고 일어나 옆 테이블을 보니 레몬즙과 게살을 빼 먹는 도구가 눈에 들어왔다. 우리에겐 이걸 깜빡하고 가져다주지 않은 모양이다. 레몬즙을 살짝 뿌려서 먹으면 상큼한 맛이 좋았겠다 싶으면서도 온전한 털게 맛을 느낀 것에 만족하며 돌아섰다. 쪼글쪼글 비릿해진 손가락에라도 레몬즙을 뿌려볼까 했지만 조금 창피한 생각이 들어 그만두었다.

      Hokkaido, Japan

Unidong

우니동

Ingredient. (2인 분량)

우니 20개 정도 혹은 더 많이, 불린 쌀 1컵, 물 1.1컵(220ml), 다시마 10x10cm 1장, 생 고추냉이 1작은술,
무순 약간, 간장(기호에 따라)

* 촛물 : 소금 1/2작은술, 식초 1큰술, 설탕 1/2큰술

Story.

우니. 이 오렌지빛의 기이한 형태의 것이 성게알이라는 것을 알게 된 게 정확히 언제인지 기억나지 않는
다. 어릴 적에는 먹어볼 일이 없었으니 아마도 제대로 된 스시집을 가볼 수 있게 된 이십대 중반쯤인 것 같
다. 예전엔 그렇게까지 감흥이 있지는 않았는데 남편을 만나고 나서 나도 덩달아 '우니'를 찬양하게 됐다.

남편과 연애를 시작한 후로 몇 가지 음식을 더욱 격렬하게 좋아하게 되었는데, 바로 생강초절임, 우니, 석
화, 산초다. 이 네 가지 음식은 내가 못 먹거나 안 먹는 음식은 아니었지만 그다지 찾아서 먹지도 않는 것들
이었는데 남편은 이것들에 '열광'을 한다. '열광'을 사전에서 찾아보면 '너무 기쁘거나 흥분하여 미친 듯이
날뜀. 또는 그런 상태'라고 나오는데, 말 그대로 생강초절임, 우니, 석화, 산초를 마주하는 남편의 모습이다.

우리나라에서는 우니를 구하기도 쉽지 않고 매우 비싸기 때문에 일본에 가면 우니동을 꼭 먹는다. 밥 위에
우니만 그득히 올린 그 모양새만 봐도 벌써 부자가 된 기분이 든다. 집에서는 한 번도 만들어본 적이 없었는
데 우니를 대량으로 구입하면 조금 저렴하게 살 수 있는 곳을 알게 되어, 집에서 우니동 만들기에 도전했다.

Homemade Recipe.

신선한 우니를 많이 준비한다. 밥은 임금님표 이천쌀 혹은 고시히카리 등 가장 좋다고 생각되는 쌀로 맛있게 지은 밥이면 된다. 밥을 할 때 다시마 한 장을 올려 지으면 더 좋고, 압력솥보다는 무쇠냄비 밥이 고슬고슬하니 식감도 좋으면서 요리하는 기분이 더 나서 선호하지만 이것은 그냥 개인 취향.

잘 지어진 밥은 그대로 사용해도 좋은데 초밥으로 만들어서 우니동을 만드는 집들도 많다. 우니동 맛집이라고 소문난 몇 곳에 가본 결과 그 가게들은 모두 초밥으로 우니동을 만들어 내놓고 있었다. 짭짤한 우니는 아무래도 살짝 맛을 입힌 초밥과 더 자연스레 입안에서 섞이는 것 같다.

Hokkaido, Japan

식초, 소금, 설탕을 섞어 한 번 끓인 뒤에 밥에 넣고 고루 섞어 초밥을 만든다. 너무 질어지지 않도록 밥은 고슬고슬하게 하고 촛물도 적당히 넣는다.

초밥을 널찍한 그릇에 담고 우니를 젓가락으로 예쁘게 올린다. 꽃잎을 한 장 한 장 붙여 꽃을 만든다는 느낌으로, 우니가 뭉개지지 않도록 조심하고 또 조심해야 한다. 배가 너무 고파 허기가 질 때는 마음이 급해져서 후다닥 올려버리다가 우니가 다 부서져버릴 테니 그럴 땐 호두라도 한두 개 집어 먹고 해야 한다.

고추냉이는 반드시 생으로 갈아 사용하는데, 가공된 것과는 다르게 향이 부드럽고 단맛마저도 느껴진다. 여느 마트에서나 쉽게 구할 수 있는 재료는 아니지만 외국 식자재를 다양하게 가져다 두는 백화점 푸드 마켓에는 늘 있는 재료다. 촬영 때문에 종종 구입하지만 촬영 후에는 아무도 먹는 사람이 없어서 집에 가지고 와서 구운 고등어에도 곁들이고 소고기구이 위에도 올려 먹는다. 기름진 음식에 특히나 잘 어울리는 신선한 맛 때문에 우니동을 먹을 땐 꼭 필요하다.

싱싱한 무순 잎을 조금 곁들이는 건 사실 데코레이션 의미가 크지만 맛도 꽤나 잘 어울린다. 간장은 식성에 따라 조금 뿌리는 용도라 일본식 간장이나 우리나라 진간장이면 된다.

여기에 직접 만든 생강초절임과 미소된장국까지 있으면 금상첨화. 생강초절임은 있어도 좋고 없어도 좋지만, 돼지고기 수육에 새우젓이 없으면 아예 먹을 생각조차 하지 않을 만큼 맛의 궁합에 있어 소신을 지키는 남편은 생강초절임이 반드시 있어야 한다고 말하고 싶을 것이다.

Pickled Ginger

생강초절임

Ingredient.

생강 10개, 식초 1컵, 물 1컵, 설탕 2/3컵, 소금 1/2작은술

* 동남아풍 생강절임 : + 건고추 2개, 고수씨 1작은술, 큐민씨 1작은술, 당근채 1/2개분

* 서양식 생강절임 : + 양파채 1개분, 피클링스파이스 2작은술

* 인도풍 생강절임 : + 커리파우더 1큰술, 강황가루 1/2큰술, 간장 1큰술

Story.

일본 음식에 빠지지 않는 것이 바로 생강초절임이다. 생강의 알싸하게 매운맛과 새콤달콤한 맛은 초밥을 먹을 때뿐만 아니라 모든 음식을 먹을 때 중간중간 입안을 산뜻하게 정리해준다. 다들 일식을 먹을 때만 생강초절임을 먹을 거라 생각하지만 우리는 제육볶음, 된장찌개, 삼겹살구이, 김치볶음밥…. 거의 모든 음식에 생강초절임을 곁들인다.

가락시장에 가면 상인들을 위한 식자재 매장이 있는데 이 맛있는 것을 엄청 큰 봉지 하나에 4천원이면 살 수 있다. 우리도 가끔 3봉지씩 사다가 서너 달을 먹는다. 다른 2인 가정이라면 3년도 넘게 먹을 수 있을 양이다.

일본여행을 가면 편의점에서 꼭 생강초절임을 사서 맥주 안주 삼아 먹는다. 이렇다 보니 직접 생강초절임을 만들기도 한다. 사실 피클처럼 만들기 간단한 것이기는 하지만 생강을 손질하는 데 공이 꽤 많이 들어간다.

Table

Hokkaido, Japan

신선한 생강을 10개쯤 사다가 물에 깨끗이 씻고 그대로 담가서 좀 불려놓은 다음 밥숟가락으로 껍질을 살살 긁어서 벗겨낸다. 노오란 살이 드러난 생강은 얇게 저미면서 썬다. 이 과정이 좀 어렵긴 하지만 얇게 썰수록 맛있는 생강초절임이 완성된다고 생각하면 전혀 귀찮지가 않다. 지나치게 두껍거나 두께가 일정치 않으면 촛물이 고르게 스며들지 않고 매운맛이 확 튀어버려서 덜 맛있다. 얇게 저미는 것이 자신 없으면 필러를 사용해서 껍질을 벗겨내듯이 저며도 괜찮다. 그것도 어렵다면 가늘게 채를 썰어도 나쁘지 않다. 다 썰어둔 생강은 촛물을 준비하는 동안 잠시 찬물에 담가둔다. 이렇게 하면 생강의 아린 맛이 빠져나간다.

냄비에 식초, 물, 설탕을 1:1:1로 붓는다. 모두 부었을 때 생강이 잠길 만큼이면 된다. 요즘엔 왠지 설탕을 덜 먹어야 할 것 같아서 설탕의 양을 2/3로 줄였는데 오히려 덜 단 게 맛이 좋다. 소금은 1/2 작은술 정도 넣어서 살짝 간을 한다. 촛물을 설탕이 녹을 정도로만 끓이고, 물에 담가둔 생강을 건져 넣은 다음 30초만 끓이다가 불을 끄고 그대로 식혀 병에 나눠 담으면 매우 기본적인 생강초절임이 완성된다.

나는 여기에 우리 부부가 좋아하는 채소와 향신료를 그날의 기분에 따라 넣는다. 건고추, 큐민, 고수씨, 당근을 넣으면 왠지 더 이국적인 동남아풍의 생강초절임이 된다. 양파와 피클링스파이스를 넣으면 파스타에 곁들여 먹기도 좋은 서양식의 생강초절임. 한번은 커리파우더와 강황가루, 간장을 넣었는데 색은 좀 탁해졌지만 인도풍의 생강초절임이 됐다. 동남아풍이니 인도풍이니 하는 것은 그냥 내가 먹어본 느낌으로 막 지어낸 말이지 이게 뭐 대단한 요리도 아니고 그냥 생강초절임일 뿐이다. 하지만 이렇게 요리에 이름을 붙여주면 만드는 사람이나 먹는 사람이나 그 음식에 애정을 더 갖게 되는데 이름이 있어서 애정이 있는 건지 애정이 있어서 이름이 있는 건지는 아직도 잘 모르겠다. 생강초절임을 뭐 이렇게까지 만들어서 먹느냐고 할 수도 있는데, 남편이 내 요리를 이렇게까지 칭찬하고 아껴가며 먹는 건 처음 봤다. 우리 식탁에선 특별한 생강초절임이다.

Milk & Milk ice cream

우유와 우유아이스크림

Hokkaido, Japan

홋카이도산 우유가 유명하다고 한다. 이번에 차를 렌트해서 비에이를 가는 동안에도 몇 번이나 젖소들을 만났다. 단순히 우유 생산량이 많아서 유명한 것만은 아닐 것이다. 우유가 맛있어지는 비법의 사료가 있다거나, 우유 맛에 영향을 미치는 특별한 관리를 하는 게 아닐까 상상해본다. 대학생 때 어느 TV프로그램에 나가게 되어 젖소의 젖을 직접 짜볼 수 있는 경험을 한 적이 있는데, 젖을 짤 때에도 소에게 스트레스를 주지 않아야 맛있는 우유가 나온다고 했다. 아마도 그런 식의 세세한 노력이 모여서 맛있는 우유가 만들어지는 게 아닐까 하는 생각을 해본다.

평소에 우유를 전혀 마시지 않는 나도 일본에 가면 편의점이나 자판기에서 꼭 우유 하나쯤은 사서 마신다. 일본의 우유가 유독 고소하고 맛이 좋다고는 하는데 평소에 우유를 마시지 않는 나는 사실 우유 맛을 잘 모른다. 어쩌면 요즘 한국에서 일반적으로 마실 수 있는 우유가 더 맛있고 고소할 지도 모르겠다.

내가 일본에서 우유를 마시는 첫 번째 이유는 사실 유리로 된 귀여운 병 때문이다. 일본 카스테라 같은 걸 스타일링할 때 우유를 다시 담아 사용해야지 싶어 다 마신 뒤 깨끗이 씻어 집에 가져온 우유병만 해도 여러 개인데, 유감스럽게도 아직 일본 카스테라의 촬영 의뢰는 없었다. 그래서 스튜디오 그릇장에 그대로 보관 중이다. 하지만 언젠가는 그런 날이 올지 모른다며 요즘도 열심히 마시고 씻어서는 집으로 가지고 온다.

옛날에는 우리나라에서도 유리병에 담긴 우유를 팔았다고 하는데 내가 어릴 적에는 주로 종이 팩에 든 우유만 마셨다. 그때만 해도 학교에서 매일 2교시가 끝나면 의무적으로 우유 급식을 했기 때문에 흰 우유를 싫어하는 나는 친구들한테 주기도 하고 우유에 타 먹는 초콜릿 가루를 가지고 다니기도 했다. 그만큼 우유를 싫어했지만 내 키가 171센티미터나 자란 것을 보면서, '우유를 먹으면 키가 쑥쑥 자란다.'는 말을 나는 별로 믿지 않게 됐다.

다시 우유 맛을 좋아하게 된 것은 몇 년 전 우유아이스크림 열풍이 불었을 때다. 고소한 우유의 맛을 10배도 넘게 응축해놓은 것 같은 맛의 아이스크림은 충격 그 자체였다. 사실상 우유보다는 첨가된 단맛 때문이었겠지만 그 부드럽고 고소한, 아이스크림치고는 심심하고 건강한 이 맛이 나에게는 완벽한 우유 맛으로 느껴졌다. 이 우유아이스크림도 일본에서는 이미 유명한 것이었다는 것은 나중에야 알게 되었다.

Hokkaido, Japan

홋카이도는 우유가 유명하다고 하니 이번에 우유아이스크림을 꼭 먹어봐야지 했는데 마침 오타루에 가니 유명한 우유아이스크림집이 있었다. 영하의 날씨지만 이건 꼭 먹어봐야 한다며 하나 사서 길을 걷기 시작했는데 추운 것도 모르고 열 발자국도 못 가서 다 먹어버렸다. 우유 맛인데 우유 맛인데…. 하다 보니 다 먹고 없었다. 이제 나이가 좀 들었는지 단맛보다는 이런 종류의 맛에 매력을 느낀다.

여행지에서 나는 가끔 '핫플레이스'라는 키워드로 검색을 해보는데, 홋카이도의 핫플레이스를 검색해보니 한 카페가 나왔다. 인테리어가 세련돼 보이긴 했지만 그냥 카페일 뿐인데 왜 핫플레이스일까 하는 궁금증이 생겼다. 카페 아르바이트생이나 직원들이 꽃미남일지도 모른다는 기대감을 안고 카페를 찾아갔다. 다섯 평 남짓의 작은 카페에는 바리스타 세 명과 손님 다섯 명 정도가 있었는데 실내에서 움직일 수 없을 정도로 작았다. 테이크아웃을 할 생각으로 메뉴판을 보고 있으니 사장으로 보이는 바리스타 한 분이 메뉴를 설명해준다. 일본어는 모르지만 메뉴판을 보니 지도와 소 그림이 그려져 있다. 그렇다. 우유를 고를 수 있는 카페인 것이다. 이런 집을 만날 때마다 우리는 특유의 '일본스러움'에 놀라 혀를 내두르며 '이런 일본 녀석들!'(물론 좋은 뜻으로)이라고 한다. 여러 가지 이유로 일본에 대해 평소 좋은 감정은 아니면서도 이런 기발한 아이디어를 생각해내는 일본 사람들에게 신선한 자극을 받는다.

Hokkaido, Japan

이 카페는 원두마다 어울리는 우유를 추천해준다. 각기 다른 지역에서 생산된 우유인데 우유마다 맛이 조금씩 달라서 취향에 따라 고를 수 있고, 어울리는 원두도 따로 있다는 것이다. 지금껏 왜 이런 생각을 하지 못했을까. 원두는 그렇게 신맛, 단맛, 아로마 어쩌고 하며 맛을 구분해내면서 왜 우유 맛에는 소홀했던 걸까. 같은 원두라도 피렌체의 수돗물을 끓여 마신 것과 우리나라 수돗물을 끓여 마셨을 때 맛이 완전히 달랐던 경험을 이미 해본 나였지만, 우유에 대한 생각은 여태 한 적이 없었다.

얼마 전 레시피 저작권에 대한 이야기를 하다가 이제는 거의 모든 조리법이 만들어져 있어서 조리법이란 건 대부분 복제와 재조합만이 남았을 뿐 완전히 새로운 발견이란 없다고 친구들끼리 장난삼아 말했던 게 생각났다. 커피도 하나의 레시피라고 생각하니 이런 식의 발견은 아직 수도 없이 남아 있겠구나 싶어 그 말을 한 것이 좀 겸연쩍어졌다.

Soup Curry

수프카레

첫 홋카이도 여행 때는 수프카레를 알지 못했다. 홋카이도 여행책 하나 들여다보지 않고 맛집 검색도 하지 않은 채 무작정 떠났던 터라 그저 길이 보이는 대로 걷고 맛있어 보이는 것을 먹었다. 불행히도 우리가 지났던 거리에는 수프카레집이 없었던 모양이다. 있었다 치더라도 덥고 습한 늦여름이었기에 뜨끈한 국물 따위에 관심을 갖지 않았을지도 모르고.

이번에 홋카이도를 가기 전에는 책이며 인터넷이며 여행 프로그램도 조금 참고했다. 한 번 다녀 온 여행지는 새로운 정보가 있으면 더 알차게 즐길 수 있을 거란 생각에서다. 그중에서 가장 궁금하고 기대했던 것들 중 하나가 바로 '수프카레'. 말 그대로 수프 스타일의 카레다. 국물이 자박하게 있는 카레라서 추운 겨울에 호호 불며 뜨끈한 국물을 마시기에 좋을 것 같았다. 요즘 들어 부쩍 건강식을 선호하는 내겐 홋카이도에서 재배한 신선한 채소들을 토핑으로 올려서 먹는다는 것도 매력적이었다. 이왕이면 유명한 집으로 가보고 싶었는데 마침 숙소 근처에 수프카레 맛집이 있었다. 예상대로 줄을 서서 기다렸다가 자리를 안내받고 주문을 했다. 수프의 종류(국물 맛)와 매운맛 정도를 고르고 토핑을 고른다. 이 집만 그런 줄 알았는데 찾아보니 대부분의 수프카레 집은 모두 이런 시스템으로 주문을 받는다.

수프카레는 정말이지 예쁘고 정갈하게 그릇에 담겨 나온다. 잘 손질된 채소는 한 번씩 튀겨내서 노릇하고 윤기가 차르르하다. 당근, 가지, 감자, 브로콜리 등 채소의 색이 참 곱다. 수프카레의 국물을 먼저 한 입 떠 넣는 순간 큐민향이 퍼져서 '와~'했다. 일본카레와 인도카레, 동남아 카레의 중간 어디쯤 있는 듯한 이 맛. 순한맛을 시켰는데도 칼칼하다 느낄 정도의 매콤한 맛이 숨어 있는 국물 맛. 홋카이도의 추운 겨울을 나기 위해 몸을 뜨끈히 데우려고 매콤한 카레를 개발했나 싶기도 하다. 달고 짠 일본 음식에 속이 조금 느끼했는데 이 국물이 그 모든 걸 날려주었다. 확실히 일반적인 일본식 카레와는 또 다른 맛의 카레 국물이었다. 깊이 우려낸 육수의 맛과 향신료의 향이 훨씬 더 강렬했다.

국물도 국물이지만 압권이었던 것은 브로콜리 토핑이었다. 브로콜리는 비타민C가 많다고 해서 피부와 건강을 위해 자주 먹긴 하지만 특별히 맛있어서 먹은 기억은 없는데 이 수프카레 위의 브로콜리는 정말 대단한 맛이었다. 소금물에 삶아 적당하게 잘 익힌 채로 기름에 살짝 튀겨 고소하고 짭조름하고…. 그야말로 처음 먹어보는 브로콜리의 맛. 수프카레에서 웬 브로콜리 찬양이냐 하겠지마는 아무튼 이건 꼭 먹어봐야 한다. 그리고 이건 꼭 집에 가서 만들어봐야겠다 생각했다.

Chapter 01

Soup Curry

수프카레

Ingredient. (2인 분량)

닭육수 500ml, 고형카레 블록 4개(또는 카레가루 4큰술), 치킨스톡 큐브 1개, 식용유 1큰술, 양파 1개,

큐민가루 1작은술, 케이엔페퍼 1/2작은술, 밥 2공기, 레몬 1/2개, 고수잎 약간

* 닭육수 : 물 3컵(600ml), 닭다리 4개, 통후추 10알, 월계수잎 1장

* 닭다리 밑간용 : 큐민가루 1/2작은술, 소금 1/2작은술, 후추 약간

* 토핑용 채소 : 미니당근 4개, 양파 1개, 가지 1/2개, 새송이버섯 1개, 브로콜리 1/4개, 마늘 4톨,

소금 약간, 식용유 1컵

Story.

요리를 막 배우기 시작했던 이십대 초반 무렵에는 인도식, 동남아식 카레를 배워서 (그 당시엔 흔한 레시피가 아니었다. 향신료도 구하기 쉽지 않았고.) 집에서도 열심히 만들었는데 가족들이 시큰둥한 반응이어서 늘 냄비의 반 정도는 남아 사나흘간 내가 먹어 없애곤 했다. 커리를 만드는 과정에서 가장 중요한 것은 양파를 일정한 사이즈로 다져서 팬에 올리고 약불에서 30~40분 동안 타지 않게 저으며 볶아 은은한 단맛과 감칠맛을 내는 것이다. 헌데 후라이팬 앞에서 꼼짝 않고 30분간 양파를 뒤적이고 있는 정성을 알아주지는 못 할망정 맛있게 한 그릇 뚝딱 비워줄 사람이 없으면 기운이 빠져서 커리를 만들고 싶지 않게 되는 것이다. 그렇게 난 점점 카레와 멀어져 갔고 생각해보면 결혼 후에도 집에서 카레를 해 먹은 적이 별로 없다. 냉장고 정리를 위해 이것저것 모조리 넣고 끓인 카레가 몇 번 있었고, 쿠킹 클래스를 위해 만든 그린커리 레시피로 몇 번 해 먹은 정도랄까.

보통은 레시피 없이 생각만으로 요리를 하지만 오랜만에 만드는 카레인 데다 수프카레는 처음이니 레시피를 찾아보았다. 나처럼 홋카이도의 맛을 잊지 못해서 만들어 먹은 사람도 있고 늘 먹는 카레에 물을 좀 더

넣어 묽게 만들었다는 이유로 수프카레라는 이름을 붙여 레시피를 소개한 사람도 있었다. 아무래도 오리지널 레시피를 찾아봐야겠다는 생각에 일본의 레시피를 검색해보니 역시나 수프카레 레시피만을 모아놓은 사이트가 있었다. 그중에서 인기 레시피라고 하는 것을 몇 가지 추려서 일본어를 잘하는 친구에게 번역을 부탁했다. 오리지널 레시피라서 그런지 아주 복잡하고 카레가루까지도 직접 만드는 오리지널 중의 오리지널이었다. 집에서 간단히 해 먹기에는 안 되겠다 싶어서 몇 가지 레시피를 참고해 내 나름대로의 간단 버전으로 만들어보았다.

Homemade Recipe.

팬을 올려 약불로 천천히 달군다. 불이 너무 세면 양파가 들어가자마자 타버려서 단맛을 최대로 끌어올릴 수가 없기 때문에 반드시 약불을 유지한다. 양파는 되도록이면 일정한 사이즈로 다진다. 가로세로 0.7센티미터 정도면 된다. 사이즈가 일정해야 볶을 때도 모두 비슷한 속도로 익어간다. 어느 하나가 너무 작거나 크면 일찍 타버리거나 설익어서 맛이나 색이 고르지 못하게 된다. 달궈진 팬에 기름을 조금 두르고 양파를 넣는다. 약한 불에서 나무주걱으로 뒤집어주며 30분간 익힌다. 양파 양에 따라 시간은 달라지는데 보통 양파 1개를 넣고 볶으면 30분 정도가 걸린다. 약불로 해두었으니 5분에 한 번씩 뒤집어주는 정도면 괜찮다. 양파가 갈색을 띠며, 양파 한 개 분량이 밥숟가락으로 하나 가득 정도의 양이 되면 잘 볶아진 것이다.

양파를 볶으면서 육수 물도 올리고 채소를 데쳐낼 물도 올린다. 손이 많이 가는 요리는 시간 분배를 잘해야 한다. 육수는 닭볶음용 닭을 사용해도 되고 닭다리로 해도 좋다. 나는 2인분을 만들기 위해 닭다리 4개를 사용했다. 냄비에 닭다리 4개를 넣고 잠길 정도의 물을 부은 다음 통후추 10알, 월계수잎 1장을 넣고 끓인다. 센불로 끓이다가 끓기 시작하면 중불로 줄이고 20분간 끓인다. 양파가 갈색이 될 즈음이면 육수도 잘 우러난다. 육수가 잘 우러나면 닭다리와 후추, 월계수잎은 건지고 닭다리는 따로 빼서 큐민가루, 소금, 후추를 뿌려둔다.

육수를 끓이는 동안에 채소도 손질한다. 미니당근은 박박 문질러 씻고 양파는 링으로 썬다. 가지와 버섯, 브로콜리는 깨끗이 씻어서 한입 크기로 썬다. 넣고 싶은 채소는 뭐든지 넣어도 좋지만 되도록이면 다양한 색감을 골고루 사용하는 게 보기에도 좋다. 손질한 채소 중 당근, 브로콜리는 끓는 물에 소금을 넣고 데쳐서 안쪽까지 익힌다. 나중에 다른 채소들과 함께 기름에 튀겨낼 테지만 단단한 채소는 한 번 데쳐내야 속까지 잘 익고 간도 배어들어 맛있다.

Hokkaido, Japan

처음에 갈색으로 볶은 양파에 닭육수를 붓는다. 그리고 고형카레와 치킨스톡, 큐민가루, 케이엔페퍼를 넣는다. 매운맛을 좋아하면 케이엔페퍼를 많이 넣는다. (닭육수 양을 줄이고 코코넛밀크를 1컵 정도 넣어서 끓이면 조금 더 이국적인 맛이 나요. 여기에 동남아풍 또는 인도풍의 생강초절임을 곁들여보세요.) 이렇게 바글바글 끓이면 수프카레의 수프가 완성된다.

이제 토핑을 준비할 차례. 작은 웍이나 냄비에 기름을 붓고 예열한다. 데친 당근, 브로콜리, 그리고 버섯, 양파, 가지, 육수를 내고 건져서 밑간을 한 닭다리를 순서대로 튀겨낸다. 데친 채소는 면보나 키친타월을 사용해서 물기를 최대한 제거한 뒤 튀겨야 기름이 튀지 않는다.

이제 그릇을 준비하고 토핑이 모두 잘 보이도록 담는다. 밥은 다른 그릇에 담아 레몬을 한 조각 올린다(밥 위에 레몬즙을 둘러서 먹는 것이 포인트! 상큼한 맛이 카레 국물과 참 잘 어울린다). 마지막으로 끓여둔 수프를 그릇의 가장자리로 흘려 넣어 토핑이 가려지지 않도록 얌전히 붓는다. 고수잎을 한 줄기 올리면 대망의 수프카레 완성! (이 책에서 가장 복잡하고 어려운 레시피이지만 꼭 해 먹어볼 만합니다.)

Jingisukan

징기스칸

일본에서 잠시나마 살아본 남편 덕에 일본여행은 늘 수월하게 하는 편이다. 처음 함께 갔던 도쿄 여행에서 아무런 사전 준비 없이도 여행을 무사히 마친 덕에 늘 심승규 가이드의 풀패키지를 신뢰하고 있다. 그런데 그것도 장단이 있는 것이, 일본 여행이라면 모든 걸 남편에게 의지하는 바람에 나는 여행 전에 어떠한 정보도 찾아보려 하질 않는다. 2012년 10월 삿포로에 처음 갔을 때도 역시나 관광지며 맛집이며 남편이 어련히 알아서 하겠지 싶어 여행책 하나 준비하지 않고 떠났다. 그런데 막상 가서 보니 10월인데도 여름도 이런 여름이 없었다. 날씨 검색도 제대로 하지 않고 겨울옷만 잔뜩 챙겨간 우리는 식은땀을 뻘뻘 흘리며 삿포로 맥주만 벌컥벌컥 마셨다.(삿포로는 눈의 도시라 10월에도 엄청 추울 테니 따뜻하게 입으라고 그는 나에게 무척 자상하게 알려줬다.)

생각해보면 도쿄에서 유학한 그가 어찌 삿포로에 대해 알 수 있겠는가. 한국 땅에서 35년째 사는 나도 내가 사는 동네 앞 말고는 아는 것이 없는데. 어쨌든 삿포로에서 계절에 맞지 않는 두꺼운 옷을 입고 매일 땀범벅이 되느라 신경이 곤두서 있던 나는 마지막 날에서야 남편의 풀패키지에 더 이상 신빙성이 없음을 깨달았다. 몇 시간 남지 않은 지금이라도 맛집을 찾아내서 가고 말리라 결심한 뒤 폭풍 검색을 시작했다. '삿포로 맛집', '삿포로에서 꼭 먹어야 할 음식'으로 검색을 하자마자 나오는 단어, 징기스칸. 징기스칸 요리를 왜 굳이 삿포로까지 와서 먹어야 하는 걸까?

결론부터 말하자면, 4년 전 홋카이도에 다녀온 뒤 우리는 자주 징기스칸을 먹으러 삿포로에 가

고 싶어 했다. 어떤 특정한 음식 때문에 '우리 거기 또 언제 가지?' 하며 애가 탄 건 징기스칸이

처음이었고, 지금까지도 유일하다.

징기스칸 요리점에 가면 일본답게 모두들 바 테이블에 나란히 앉아 화로를 하나씩 놓고 먼저

잘 달군 석쇠에 양고기 비계를 골고루 바른다. 그러고는 듬성듬성 아무렇게나 썬 양파와 대파

를 올리고 질 좋은 양고기를 두세 점 올려 익힌 뒤 함께 내주는 소스에 찍어 먹으면 끝. 이토록

심플한데, 정말 눈물 날 것처럼 맛있었다.

요즘에는 서울에도 삿포로식 징기스칸 음식점이 많이 생겨 종종 찾곤 한다. 하지만 아직까지

2012년 그 더운 가을날 먹었던 삿포로의 징기스칸 맛을 잊지 못하고 있다.

Sukiyaki

스키야키

Ingredient. (2인 분량)

한우 채끝살 또는 살치살 400g, 좋아하는 혹은 냉장고에 남아 있는 채소 넉넉하게(가지, 배추 잎, 청경채, 숙주, 느타리버섯, 표고버섯 등), 우동면 1개, 달걀 2개

* 밑국물 : 물 6컵(1.2L), 멸치 한 줌, 다시마 10x10cm 1장, 청주 1큰술

* 소스 : 밑국물 1컵, 간장 4큰술, 설탕 1큰술, 맛술 1큰술

Story.

스키야키를 하려고 마음을 먹으면 일단 냉장고부터 뒤진다. 채소 칸에 남아 있는 반쪽짜리 당근, 망으로 사서 늘 남아 있는 양파, 1+1으로 산 새송이버섯. 일단 이 아이들이 있으면 고기만 사와도 스키야키를 시작해볼 수 있다.

100년 전통의 스키야키 집에서 깨닫게 된 스키야키의 노하우는 다양하고 적당한 양의 채소와 두툼하고 맛있는 고기, 그리고 맛있는 다시물과 소스다. 어렵고도 간단한 이 법칙을 따르면 집에서도 언제든지 100년 전통의 스키야키를 맛볼 수 있다고 자부하는 나다.

Hokkaido, Japan

Homemade Recipe.

집에 있는 비교적 큰 냄비를 불에 올리고 중불에서 은근히 달군다. 냄비가 달궈지면 똥을 제거한 멸치를 한 줌 크게 넣고 타지 않게 달달 볶는다. 굽는다고 하는 게 더 맞을 것이다. 멸치가 구수한 향을 내기 시작하면 청주를 슬쩍 둘러 '칙-' 소리를 내고 또 달달 볶는다. 소리가 잦아들면 그제야 물을 붓는다. 넘치지 않을 정도로 물을 넣고 다시마에 가위집을 내어 퐁당 빠뜨린다. 센 불로 끓이고, 끓기 시작하면 중불로 줄인다. 이때 다시마는 건져서 잘라두고 스키야키를 거의 다 먹을 즈음에 넉넉한 국물을 다시 붓고 우동을 만들어 먹을 때 넣으면 딱 좋다. 스키야키 밑국물을 낼 때 내가 꼭 지키는 이 과정들은 사소하지만 맛에 분명한 차이를 준다. 맹물에 넣고 끓여도 웬만한 맛은 나지만, 이렇게 한번 해보면 꼭 이 방법을 고수하게 된다.

가지, 배추, 청경채, 버섯은 먹기 좋게 썬다. 사실상 좋아하는 재료를 다 넣어도 된다. 우리는 실곤약도 넣고 숙주도 넣는다. 고수도 넣고 가끔은 미나리도 넣는다. 그런데 만두 같은 것은 (적어도 스키야키에 넣어 먹기에는) 우리 취향이 아니라서 되도록 넣지 않는다. 소스는 밑국물, 간장, 설탕, 맛술을 섞어서 만든다.

Hokkaido, Japan

두툼한 주물팬을 달구고 그 위에 고기와 채소를 전골처럼 둘러 담아 간장소스를 끼얹고 밑국물을 조금씩 부어가며 조리듯이 익혀 먹는다.

스키야키는 일본에서도 지역에 따라 먹는 방법이 조금 다르다. 우리가 먹는 방법은 관서 지방의 스키야키 이고, 관동 지방에서는 우리가 흔히 먹는 샤브샤브처럼 밑국물을 끓인 뒤 거기에 채소와 고기를 넣어 익혀 먹는다. 우리는 스키야키 하면 관서 스타일을 생각하고 있어서 밑국물을 한 번에 부어버리거나 채소나 고 기를 몽땅 쏟어 넣어 버리는 사람들과는 스키야키를 같이 못 먹겠다고 우스갯소리를 하기도 한다. 손님을 집으로 초대해 스키야키를 대접할 때에도 그중 누군가 밑국물이나 재료들을 한번에 부어버릴까 조마조마 해서 스키야키집 여주인장처럼 고기와 채소를 일일이 익혀 손님들의 접시에 덜어주곤 한다.

Hanoi,

Traveler's Table.

Vietnam

THÔNG BÁO
BÚN CHẢ HƯƠNG LIÊN HẾT CHỖ ĐỂ XE MÁY
QUÝ KHÁCH VUI LÒNG TỰ GỬI XE VÀO BÃI XE
SỐ 5 NGÕ THÌ NHẬM (SAU NHÀ THỜ HÀM LONG)
13
Coca-Cola

하노이, 베트남

우리의 식탁

-

분짜

분보남보

포가_닭고기쌀국수

베트남식 바비큐

포보_소고기쌀국수

반쎄오

반미

베트남커피

Trav
Hanoi, Vietnam

eler.

오늘 하루도 오토바이에 몸을 싣고 열심히 움직입니다. 부아아앙…!

하노이에서 가장 압도적이었던 건 맛있는 데다 저렴하기까지 한 베트남 음식이 아니라
실은 오토바이였다. 너무 많은 오토바이가 우리 주변을 스쳐 지나다 보니 한동안은
정신을 차릴 수 없을 정도였다. 아직 하노이에 가보지 못한 사람들에게 이 광경을 어떻게
설명하면 좋을까 싶어 속으로 몇 번이고 생각해봤는데, 딱히 떠오르질 않았다.
"우리가 스마트폰을 꺼내 쓰듯 다들 오토바이를 하나씩 자연스럽게 타고 다녀." 라고
말해주는 게 좋을지, "네가 상상하는 최악의 교통지옥이 있다면 바로 하노이일 거야." 라고
겁을 줘야 좋을지.(그전까지는 서울이었습니다만… 하하.)
그나저나 오토바이가 없던 시절에는 이 사람들 과연 어떻게 살았을까?
오토바이가 발명되기 이전의 하노이 모습이 문득 궁금해졌다.

처음에는 작은 길 하나 건너는 것도 어려웠다. 일단 이 엄청난 수의 오토바이들이
전혀 멈출 생각이 없어 보이는 게 문제. 보행자에게 주의를 기울이고 있다는 시그널이
아예 없다 보니, 이 타이밍에 길을 건너도 되나 싶은 걱정이 먼저 들었다.
(조금씩 변하고 있다고는 하지만) 여전히 차량 우선으로 악명 높은 서울의 길에서도
도보로 이동하는 동안 생명에 위협을 느낀 적은 별로 없었는데, 여기서는 매 순간이
위협적으로 느껴져 발길이 떨어지지 않았다.

길 하나 건너는 사소한 일에 목숨을 걸어도 될까 싶은 기분이었지만,
아랑곳하지 않고 오직 자기 갈 길만 가는 사람들 사이에서 우리가 선택할 수 있는
유일한 방법은 오토바이가 뜸한 길을 찾아 돌아가는 것.
조금 더 걷는 게 대수는 아니니까, 일단 살고 보자.

그래서 더 주의 깊게 둘러보게 된 하노이의 거리 풍경들은

때때로 생소할 정도로 평화롭고 고요했다.

도로에서는 어떤 전쟁이 벌어지고 있든지 상관없다는 것마냥.

그릇 외에는 쇼핑을 하지 않기로 마음을 먹고 왔는데, 조직감은 물론

착용감까지 훌륭한 모자 앞에서는 결국 지갑을 열 수밖에 없었다.

"강남의 백화점에서 20만 원 하던 것과 완전히 똑같아!" 라고 흥분하며

각각 만 원도 채 하지 않던 여름용 모자 두 개를 기분 좋게 획득.

 Hanoi, Vietnam

우리가 다른 도시를 방문하면 반드시 한 번은 열리게 되어 있는

'도자기 마을'이라는 이름의 판도라 상자.

하노이에서는 밧짱**Bat Trang**이라고 불리는 귀여운 이름의 상자가 있었다.

누군가에게는 가장 발걸음이 가벼워지는 시간.

물론 가벼워지는 게 발걸음뿐만은 아닙니다만….

마을 입구에서 우리를 반겨주던
검은 고양이, 네로.(이름은 우리 멋대로….)

연탄 모양의 도자기(가마에 넣어 굽는 연탄인 줄 알았는데, 연탄 모양의 도자기였다!

그런데 이걸 대체 어디에 쓰지?)와 색 배합이 꼭 닮아 있어, 처음에는 이 동네를

지키는 영험한 생명체인가 싶어 묘하게 더 끌렸다. 네로 역시 '너희들은 누군데

나를 왜 찍냥?' 하는 표정으로 한동안 우리를 노려보다가 재미가 없어진 듯

발걸음을 떼고는 유유히 저 너머의 암흑 속으로 페이드 아웃 fade-out.

옛날 할머니집 부엌 찬장에 있던 유리그릇들 같아서 하나 살까 했는데
너무 무거워서 다시 슬그머니 내려놓았다.

밧짱은 지금까지 우리가 가본 도자기 마을 중에서도 꽤 규모가 큰 편이다. 상점과 도자기

생산 공장이 섞여 있어, 찬찬히 둘러보면 상당히 다채롭다. 그래서 마을 입구의 소매 시장만

보고 '어, 남대문에서도 볼 수 있는 것뿐이라 별로네?' 하며 돌아서기는 아쉬운 곳이다.

시간적 여유가 있는 여행자라면 천천히 둘러볼 만한 가치가 충분하다.

다만 대중교통편은 불편하니 우버UBER나 택시를 추천한다. 이동이 편리하고 택시비가

서울에서와 비교할 수 없을 만큼 저렴할 뿐 아니라, 돌아올 때 짐 때문에 고생하는 일을

줄일 수 있다. 우리처럼 엄청난 양의 그릇들을 눈 하나 깜짝하지 않고 구매한다면 특히나 더.

우리는 어느 도시를 가든 그곳에서 구입한 그릇과 소품들을 숙소에서는 꼭 한 번 펼쳐본다.

그러고는 사진으로 남긴다. 마치 전투에서 획득한 전리품을 하나씩 확인하는 것처럼.

**이 모든 게 15만 원 안팎에 구입한 것이라고 생각하면 경이롭다 못해 아름답다.
이 맛에 산다.(live 혹은 buy, 해석은 자유.)**

Hanoi, Vietnam

이 중에서 가장 베트남스러운 그릇을 찾아야 한다.
아무리 예뻐도 한국에서 구할 수 있는 것이라면
굳이 여기까지 올 필요가 없었을 테니까.

'이건 목욕탕에서나 보던 건데.' 싶은 키 낮은 플라스틱 의자는 오토바이 못지 않은 이곳의

필수품. 거리를 나서면 정말 모두가 이 의자에 앉아 있다. 처음엔 욕탕에 들어온 것처럼

어색하기도 하고 우스꽝스럽기도 했는데 우리도 금세 익숙해졌다.

딱 이 높이가 이 사람들에게는 편한 거다. 아마 여기서 조금만 더 낮아지거나, 높아진다면

이곳 사람들은 굉장히 어색한 나머지 어찌할 바를 모르지 않을까? 무엇보다 이 높이를

몸이 기억하고 있을 테니까.

한두 군데도 아니고, 도시 전체에 이런 의자가 깔려있다는 것, (화이트칼라니 블루칼라니

그런 구분도 없이) 남녀노소를 불문하고 이 의자에 몸을 맡기고 있다는 것이 눈에 들어온 순간

'이거 꽤 괜찮은 사업 기회겠는데⋯.' 하는 생각이 드는 걸 보니 우리도 이제 비즈니스 감각을

갖춰가고 있구나 싶어 뿌듯했다,고 하면 속마음을 들킨 거겠죠?

잘 차려입은 오피스걸들이 서서 사 먹고 있길래 궁금해서 먹어본 길거리 간식.

순두부 같은 것을 퍼 담고 단맛이 나는 물과 검정색 젤리를 올려준다.

저 두부 때문인지 건강한 맛이 난다. 사진을 찍고 있었더니 만드는 과정마다

잠시 멈춰서 사진 찍기를 기다려 주신 친절한 아주머니.

한편 파인애플 노점상에서 내 나이를 물어보더니 동갑이라 우린 친구라며

모자도 씌워주고 사진도 찍게 해 준 젊은 아주머니, 아니 친구.

그런데 저 파인애플 한 개 값이 너무 비싸구나 친구야.

맛은 있었지만. 근데 진짜 나랑 친구 맞니? (사진 찍기 전에 파인애플 가격을 먼저 물어봤어야…)

Hanoi, Vietnam

베트남 바구니는 참 견고하고 질이 좋다. 바구니들을 주렁주렁 매단

자전거 상점을 만나기를 하노이에 머무는 내내 간절히 기다렸는데

마지막 날에 극적으로 만나 열두 개의 바구니를 집으로 데려왔다.

혹은 차려입고 인생의 가장 찬란한 한때를 즐기거나.

하노이에서 우리가 음식 때문에 문제를 겪은 경우는 한 번도 없었다.

음식의 맛을 떠나 대체로 청결함과는 거리가 멀어 보이는 가게들이 많기 때문에

선뜻 도전하기 어렵다거나, 먹고 나서 배탈이 났다는 사람들의 이야기가 간간히 들려왔지만

우리 부부는 못 먹는 게 거의 없는 데다 위장도 몹시 튼튼하다. 그래서 좀체 탈나는 법이 없다.

그래도 삼시 세끼 허름한 가게들만 찾다 보면 뭔가 좀 고급스러운 입맛이 당기는 순간이

찾아오는데, 그때 찾아낸 게 스페인 대사관을 개조해서 만든 '마담히엔'이라는 레스토랑.

들어서는 순간 하노이의 다른 곳과는 공기가 다르다는 게 딱 느껴질 정도로 이국적이고도

깔끔한 분위기가 감돈다.

가격은 그렇게 저렴한 편이 아니지만(단품도 있지만 일인당 2만 원에서 4만 5천 원 사이의

코스 요리를 추천합니다.) 가게를 여기저기 옮겨 다니지 않고 다양한 베트남 가정식을

한자리에서, 그것도 굉장히 청결하게 맛볼 수 있는 장점이 있다. 여기에 잘 칠링된

화이트 와인까지 곁들인다면, 이른 시간부터 천국으로 가는 특급열차를 탈 수 있을지도.

살림살이가 늘어서 있는 기찻길을 따라 걷다 보면
어느새 또 배가 고파온다.

Tab
Hanoi, Vietnam

le .

Bun Cha

분짜

Table

Hanoi, Vietnam

10년 전쯤인가, 서울에 쌀국숫집이 갑자기 우후죽순 생겨나던 때가 있었다. 포^{Pho}라는 것이 뜨거운 국물에 말아 먹는 쌀국수를 뜻한다는 걸 그때 처음 알았다. 베트남 쌀국수가 트렌디한 외식문화로 인기를 끌었지만 '고수'라는 향신채가 그때는 너무나 생소해서 그 요상한 화장품 맛이 나는 풀을 먹는 사람들이 몇 없었다. 가리는 것 없이 잘 먹는 나도 당시에는 고수의 참맛을 알지 못했다. 생각해보면 그때의 베트남 음식점은 로컬 음식의 느낌이라기보다는 깔끔한 건강식의 느낌이 더 강했던 것 같다.

10년 전 그때와 비슷한 느낌으로 요 근래 분짜 가게가 여러 곳 생기면서 인기를 끌고 있다. 분^{bun}은 쌀로 만든 쫄깃한 생국수를 말하고 짜^{cha}는 튀긴 만두나 숯불에 구운 고기를 뜻하는데, 올해 외식 트렌드에서 동남아시아 음식이 또 한 번 핫하게 떠오르면서 일반 쌀국수보다 조금 더 로컬 느낌이 나는 분짜 같은 음식들이 인기를 끌게 된 것이다. 서울의 한 베트남 음식점에서 분짜를 워낙 맛있게 먹었던 기억이 있어서 하노이에 가면 가장 맛있는 분짜집을 꼭 찾아서 맛보고 싶었다.

분짜라고 하면 하노이에서는 노점이나 작은 식당에서 맛볼 수 있는 그야말로 로컬 음식이다. 로컬 맛집이란 뭐니 뭐니 해도 신선함이 관건이다. 시장 속 맛집 같은 곳도 특별한 소스나 기술이 있다기보다는 그때그때 채소를 버무리고 전이나 생선을 바로 구워 따뜻하고 바삭하게 내놓는 등 정직하고 신선하게 음식을 만드는 것이 비결이라고 생각한다. 거기에 할머니의 손맛 같은 정서적인 양념이 더해지면 입맛이 더욱 돋아나 한층 더 맛있게 느껴지는 것이다. 방송에 유명인의 맛집으로 소개되어 한국 사람들이 줄지어 가는 분짜집을 우리도 기대하고 찾아갔는데, 우리가 먹어봤을 때는 고기며 채소며 다 미리 담아놓아서 신선함이 떨어져 맛이 덜했다. 손님이 끊임없이 들어오고 있었는데도 그보다 더 이전에 음식을 담아놓았는지 채소며 고기며 조금씩 다 말라 있었다.

분짜집을 몇 군데 가본 결과 역시 미세한 차이가 맛의 차이를 만들고 있었다. 느억맘소스 맛이나 고기, 채소는 비슷비슷해 보였지만 고기를 미리 구워놓지 않고 그때그때 숯불에 구워(물론 잘 팔려서 구워놓은 고기가 계속 소진되니 자연스레 그렇게 된다.) 육즙이 살아 있느냐, 찍어 먹는 느억맘소스를 미리 차갑게 해놓느냐가 포인트인 듯 보였다. 그러면 뜨거운 고기를 넣었을 때 아주 차갑지도 뜨겁지도 않게 온도가 맞춰져서 쌀국수를 적셔 먹기 딱 좋은 상태가 된다.

가장 맛있었던 곳은 오바마 분짜집으로 알려진 '흐엉리엔'. 오바마 대통령이 실제로 먹었던 구성으로 분짜와 넴, 하노이 맥주가 함께 나오는 '오바마 콤보' 메뉴가 가장 인기다. 이 집은 고기뿐 아니라 튀김만두인 넴도 주문 즉시 바로 튀겨내서 아주 뜨거운 상태로 테이블에 서빙된다. 겉은 바삭하고 안은 촉촉해서 뜨거운 육즙으로 가득 차 있는 고기와 만두를 시원한 소스에 푹 담갔다가 먹으면 그것만큼 행복한 맛이 없을 정도다. 누구보다 바빴을 오바마가 괜히 이 집을 찾은 게 아니다. 그래서 우리도 하노이에 도착한 다음날 한 번, 출국 전날 한 번 전부 두 번을 찾아갔다. 세상 사람들까지는 아니더라도 (언젠가 태어날지도 모를) 우리 아이들은 '엄마, 아빠가 찾은 맛집'이라며 좋아하겠지?

Hanoi, Vietnam

Bun Cha

분짜

Ingredient. (2인 분량)

돼지고기(삼겹살 또는 목살) 300g, 각종 향채(청상추, 로메인, 페퍼민트, 고수 등), 버미셸리 120g,

* 채소절임소스 : 당근 1/4개, 무 주먹만 한 크기, 마늘 2톨, 홍고추 1개, 물 1컵(200ml), 피시소스 2큰술,

설탕 2큰술, 식초 1.5큰술, 라임즙 1개분, 베트남고추 2개(선택)

* 고기양념 : 다진 마늘 1큰술, 피시소스 2큰술, 설탕 1큰술, 후춧가루 약간

Story.

내가 분짜를 처음 맛보게 된 건 서울의 어느 베트남 음식점에서였다. 탱탱하게 삶은 쌀국수를 새콤달콤한 국물에 적셔서 고기와 함께 먹는 그 맛이 매우 친숙하게 느껴졌다. 한국 사람이라면 모두가 공감할 만한 맛이었다. 물냉면에 양념갈비를 싸서 먹는 느낌이랄까. 새콤달콤한 국물에 들어 있는 아삭한 파파야당근절임은 물냉면에 들어있는 무절임 딱 그 맛이었다.

Hanoi, Vietnam

Table

Homemade Recipe.

분짜는 쌀국수, 채소, 소스, 구운 돼지고기 이렇게 네 가지가 있으면 된다. 가장 먼저 고기에 다진 마늘, 피시소스, 설탕, 후춧가루를 넣고 조물조물해서 다른 재료를 준비하는 동안 그대로 둔다. 굽기 전에 양념이 고기에 잘 배어들게 하기 위해서다.

이번엔 느억짬이라는, 작은 생선을 발효시켜 만든 베트남의 어장인 느억맘을 베이스로 한 새콤달콤한 채소절임소스를 만들 건데 이 소스로 말할 것 같으면 앞으로 만드는 대부분의 베트남 음식은 이것만 만들 줄 알면 반은 했다고도 볼 수 있는 만능 소스다.(약 파는 느낌이지만 진짜로 그렇다. 뒤에 소개할 음식에서도 이 소스를 여러 번 만들게 된다.)

홍고추는 송송 썰어주고 당근과 무, 마늘은 모두 비슷한 크기로 얇게 저며 썬다. 원래는 무 대신 파파야를 써야 하는데 우리나라에서 과일 파파야는 쉽게 구할 수 있지만 요리용 파파야는 일반 슈퍼에서 구입할 수가 없으니(이태원의 슈퍼나 인터넷 주문으로 구매가 가능하다.) 식감과 맛이 비슷한 무를 사용하는 것이다. 재료가 없을 때는 당황하지 말고 비슷한 맛이나 식감이 나는 대체할 만한 재료를 생각해서 사용하면 된다. 그것도 없다면 과감히 생략하면 되고.(물론 그게 주재료일 때는 생략할 수 없겠지만.)

작은 냄비에 피시소스(느억맘이 없어서 태국산 피시소스를 사용했다. 생선을 발효한 것이니 비슷한 맛을 낼 수 있다.)와 설탕, 식초, 물을 넣는다. 라임즙도 한 개 분을 짜 넣는데 만약 라임이 없다면 라임즙 대신 식초를 두 큰술 더 넣으면 된다. 매운맛을 좋아하면 베트남고추를 반으로 부러뜨려 두어 개 넣는다. 우리는 둘 다 매운맛을 좋아해서 베트남고추를 빼놓는 법이 없지만 이 고추는 워낙 매워서 아이들에게 해줄 때는 넣지 말아야 할 것 같다. 냄비를 중불에 올리고 설탕이 녹을 때까지만 끓이다 불을 끈다.

앞에서 준비해둔 당근, 무, 홍고추, 마늘을 냄비에 모두 쏟아 넣는다. 양이 많을 때는 채소를 넣고 한 번 끓여줘도 좋은데 2인분 정도면 그냥 부어서 섞어주는 것만으로도 충분하다. 재료를 잘 섞은 다음 식혀서 냉장고에 넣어 차갑게 만든다. 이 소스를 2~3배 분량으로 만들어 놓으면 반미에도 넣고 베트남식 비빔국수인 분보남보에도 넣고 넴도 찍어 먹고 그냥 피클처럼 다른 음식에 곁들여 먹어도 좋다.

다음으로 채소를 준비한다. 청상추, 로메인, 양상추 등 신선하고 아삭한 식감이 있는 채소들을 한입 크기로 뜯어 놓으면 된다. 여기에 고수잎과 민트잎 등 향신채를 꼭 함께 준비한다. 그래야 베트남의 풍미를 한껏 느낄 수 있다. 쌀국수 중에서도 아주 가는 국수인 버미셀리를 미지근한 물에 10분 정도 담가 부드럽게 되면, 끓는 물에 소금 1/2 작은술을 넣고 삶은 다음 건져서 찬물에 헹궈 물기를 빼둔다.

마지막으로, 아까 재워두었던 고기를 굽는다. 숯불에 구워야 정석이지만 프라이팬을 세게 달궈서 앞뒤로 구워주면 숯불 못지 않은 불맛을 낼 수 있다. 분짜에는 튀긴 만두인 넴도 곁들이고 다진 고기를 완자처럼 만들어 구워서 곁들이기도 하는데 집에서는 조금 번거로운 것 같아 나는 삼겹살이나 목살만 구워서 만들곤 한다. 다진 돼지고기에 똑같은 양념을 넣고 완자를 만들어서 구우면 되는데 왠지 손이 많이 가는 것 같아서 아직 시도해보지 않았다.

이렇게 해서 소스, 채소, 쌀국수, 고기가 모두 완성되었다. 예쁜 접시에 채소와 버미셀리를 담고 차갑게 둔 소스는 밥그릇에 담아 구운 고기를 퐁당 빠뜨린다. 쌀국수와 채소를 먹을 만큼씩만 덜어서 소스에 담가 젓가락으로 한 번에 집어 입에 왕창 가져가 넣는다. 이 모든 재료가 입안에 한 번에 들어가서 섞일 때 가장 맛있는 맛을 느낄 수 있다. 평소 맥주를 좋아하는 사람이라면 틀림없이 맥주를 한 캔 따게 될 것이다(없다면 와인이라도).

Bun Bo Nam Bo

분보남보

Bun : 쌀국수, bo : 소고기, Nam Bo : 볶다

베트남의 남부 지방에서 소고기를 볶아 쌀국수와 함께 먹는 것이 분보남보다. 보통은 소고기와 숙주를 함께 볶고 삶아 놓은 쌀국수 위에 올려준다. 새콤달콤하게 절인 파파야와 당근이 들어 있는 소스인 느억짬도 함께 올려주고 고소하게 구운 땅콩도 뿌려준다. 이 모든 것을 우리의 비빔소면 비비듯이 비벼서 먹으면 되는 것이다. 모양새도 다르고 맛도 다르지만 만드는 방법은 기본적으로 분짜와 비슷하다. 들어가는 재료도 거의 비슷한데 돼지고기 대신 소고기가 들어간다는 점에서 차이가 난다.

분보남보는 한국에서는 비빔쌀국수로 통칭되는 경우가 많지만, 'Beef noodle salad'라고 적힌 현지 가게의 메뉴판을 봐도 그렇고 실제 현지인들이 먹는 방식도 그렇고 쌀국수가 들어간 샐러드라고 보는 게 분보남보를 좀 더 잘 이해하는 데 도움이 된다. '비빔'이라는 단어가 들어가는 순간 한국 사람이라면 어떤 특정한 맛이나 이미지를 떠올리게 되는데, (당연한 이야기겠지만) 분보남보는 기본적으로 맵지 않다. 피시소스 특유의 향은 각종 향신채와 땅콩이 균형을 맞춰주고, 잘 익힌 소고기를 부드러운 쌀국수에 싸서 아삭한 무를 곁들여 한입에 넣고 즐기는 식감도 조화롭다. 다만 냉면집에서 만두를 곁들여 먹듯, 함께 파는 닭고기 스튜를 같이 시켜 먹어봤는데 이건 생각보다 입맛에 맞지 않았다. 분보남보 자체가 소고기를 베이스로 한 샐러드다 보니 푹 익힌 닭고기와 함께 먹기엔 포만감이 든다. 왠만하면 시킨 음식들은 남기지 않고 다 먹는 편인데, 이번 닭고기 수프는 좀 많이 남겼다.

그래도 분보남보는 한 그릇씩 싹싹 비우고 즐거운 마음으로 자리를 일어섰다. 아직 하노이에

서 먹어야 할 음식들은 많고, 아직 시간도 정오를 넘지 않았다.

Bun Bo Nam Bo

분보남보

Ingredient. (2인 분량)

소고기 안심 불고기용 300g, 버미셀리 150g, 숙주 한 줌, 고수 한 줌, 땅콩 1큰술

* 채소절임소스 : 당근 1/4개, 무 주먹만 한 크기, 마늘 2톨, 홍고추 1개, 물 1컵(200ml), 피시소스 2큰술, 설탕 2큰술, 식초 1.5큰술, 라임즙 1개분, 베트남고추 2개(선택)

* 고기양념 : 다진 마늘 1큰술, 피시소스 1큰술, 간장 2큰술, 설탕 1큰술, 후춧가루 약간

Story.

우리는 보통 분짜와 분보남보를 반반씩 만들어서 같이 먹는다. 짜장과 짬뽕을 다 먹고 싶어서 짬짜면을 시켜 먹는 것과 비슷하다고 해야 하나. 분짜와 분보남보를 1인분씩 만들어서 둘이 나누어 먹으면 하노이 어느 식당에 와 있는 것도 같아서 너무 신이 난다.

Homemade Recipe.

분보남보는 만드는 과정이 분짜와 대체로 비슷한데, 당근과 무를 이번에는 길게 채 썬다. 분짜를 만들 때
와 비슷하게 썰어도 되지만 길게 써는 이유는 비볐을 때 면과 잘 어우러지게 하기 위해서다. (이런 이유가
상관없다면 분짜 먹고 남은 재료를 사용해도 된다.) 마늘은 편으로 썰고 홍고추는 송송 썬다. 작은 냄비에
피시소스, 설탕, 식초, 라임즙, 베트남고추, 물을 넣고 설탕이 녹을 정도로만 끓인다. 불을 끄고 썰어둔 채
소를 모두 넣고 잘 저어 식힌 뒤 냉장고에 차게 둔다. 분짜와 같은 과정이다. 그래서 분짜 만든 김에 분보
남보를 만드는 것이다.

불고깃감 정도로 얇게 썬 소고기 안심에 양념재료를 모두 넣고 조물조물 한다. 분짜와는 다르게 채소는 숙주와 고수만 조금 준비해둔다.

버미셀리는 미지근한 물에 10분간 담가 두었다가 끓는 물에 소금을 조금 넣고 삶아 건져 찬물에 헹군 다음 물기를 뺀다. 그리고 면기에 1인분씩 담아둔다.

재워둔 고기는 팬을 뜨겁게 달궈서 센 불에 볶는다. 이때 숙주도 함께 넣고 볶는다. 고기가 잘 익으면 뜨거울 때 면 위에 올린다. 육즙이 자작하게 나온 국물도 남김없이 국수 위로 모두 뿌린다. 이걸 남겨놓으면 국수에 간이 덜 밴다.

차갑게 만들어둔 당근과 무, 홍고추, 마늘을 2~3스푼 올리고 국물도 2큰술 정도 뿌린다. 남은 것은 국수를 먹으면서 반찬으로 곁들인다.

고수를 좋아하는 우리는 면기의 3분의 1은 고수로 채운다. 듬뿍듬뿍 올려야 맛있다. 땅콩도 빼먹으면 안 된다. 돼지고기에 비해 덜 기름지고 담백한 소고기 안심은 고소한 땅콩과 함께 씹으면 그 맛이 배가 된다.

Pho Ga

포가_닭고기쌀국수

우리는 밤 10시가 넘어서야 하노이의 호텔에 도착했는데, 아무것도 먹지 않고 하루를 보내기는 너무 아쉬웠다. 일부러 멀리 있는 맛집까지 찾아가기에는 늦은 시간이고, 호텔 근처의 식당들도 거의 문을 닫은 상황이라 '오늘은 이렇게 그냥 잠자리에 들어야 하나.' 싶은 순간 아주 허름한 식당 하나가 눈에 띄었다. 청결이나 위생에 그렇게 민감하지 않은 우리가 봐도 머뭇거려질 정도로 낡고 오래된 가게였는데, 여기를 지나치면 오늘 밤은 갈 곳이 없었으므로 일단은 들어가보기로 했다.

어느 노파 한 분이 가게를 지키고 있었고 당연히 영어 메뉴판도 없으니, 가게 앞에 진열된 잘 삶아서 식힌 노릇노릇한 닭을 가리키며 "치킨? 누들?"이라고 물어볼 수밖에 없었다. 뭔가 서로 알았다는 신호를 주고받고 5분 정도 기다리니 '포가'라고 불리는, 닭고기를 결대로 찢어서 푸짐하게 올린 뜨끈한 쌀국수가 나왔다. (나중에 알고 보니 면을 빼고 수프만 따로 시킬 수도 있었다.)

닭고기쌀국수는 한국에서 조금 생소한 메뉴다. 우리나라에선 쌀국수 하면 소고기 국물이 일반적이라 닭고기쌀국수는 상상이 잘 되지 않았다. 주문을 받은 아주머니는 삶은 닭을 맨손으로 뼈에서 발라내어 소쿠리에 담는다. 1인분씩 나누어놓는데 저울로 재거나 하지 않지만 공평

Table

하게 담기 위해 눈대중으로 여러 번 넣었다 덜었다 하신다. 국물은 안쪽 주방에서 미리 끓여 놓는 모양이다. 면을 삶아 국물을 부어 밖으로 가지고 나와 찢어둔 닭고기살을 듬뿍 올린다. 미리 숭덩숭덩 썰어두었던 쪽파도 위에 조금 뿌린다. 그러고는 스테인리스 숟가락과 나무젓가락을 국수 그릇에 꽂아 함께 가져다준다. 이렇게 무심하게 쌀국수를 담아내는 아주머니를 가만히 보고 있자니 큰 수고를 들이지 않고 만들어낸 한 그릇 같다는 생각을 한다. 그래서 그런지 대단한 기대도 하지 않는다. 솔직히 겉보기엔 특별할 것도 없다.

가게의 위생 상태도 엉망이고 아주머니의 손도 그렇게 깨끗해 보이지 않은 탓에 여차하면 한 입만 먹고 일어나야지 싶었는데 이게 웬걸, 국수가 끊임없이 들어가는 게 아닌가. 처음에는 딱 닭곰탕 맛이 난다. 육수에 향신료 맛도 세지 않아서 더욱 친숙한 느낌이 든다. 기름기도 없이 깨끗하고 맑은 국물이 아주 시원하다. 보기엔 별것 없어 보였지만 아무래도 국물에 비법이 있는 것 같다. 닭을 통째로 여러 마리 넣고 파 같은 향신채도 넣었을 거라 예상해본다. 이렇게 맑은 국물을 낸 것을 보면 국물을 식혀서 기름도 한 번 걷어냈을 것 같다. 이 맑고 깊은 맛은 해장하기 딱 좋은 국물이라고 말하며 옆 테이블을 보니 얼큰하게 술에 취해 해장하러 온 두 커플이 다 같이 국물을 들이키고 있다. 별로 배가 고프지 않았던 우리는 두 그릇이 조금 많지 않을까 걱정했었는데 슴슴한 국물과 부드럽게 넘어가는 쌀국수면 덕에 두 그릇의 밑바닥까지 싹 다 비워버렸다. 기대하지 않고 갔는데 의외로 매우 만족스런 식사여서 그랬는지 그 맛에 계속 여운이 남는다.

만족스러운 기분으로 일어나 호텔에 돌아오는 길에 비로소 '아, 우리가 베트남에 왔구나.' 하는 실감이 났다. 그날 밤은 간만에 깊은 잠에 들었다.

Pho Ga

포가_닭고기쌀국수

Ingredient. (2인 분량)

닭 1마리를 분해하고 남은 닭뼈, 물 3L, 통후추 10알, 팔각 2개, 고수뿌리 6개, 코리엔더씨 1작은술,

닭가슴살 2쪽, 닭안심 2쪽, 쌀국수 2인분, 숙주 한 줌, 쪽파와 고수잎 약간씩, 라임 1개

* 곁들이는 채소절임 : 양파 1개, 마늘 8알, 홍고추 2개

* 절임양념 : 피시소스 2큰술, 설탕 4큰술, 식초 6큰술, 물 6큰술, 베트남고추 3개

Story.

서울에서 숙취에 시달리는 아침이면 몇 번이고 이 국물 생각을 했다. 이건 꼭 한번 만들어 봐야지 생각만

하다가 어느 여유로운 일요일 아침 날을 잡아 닭을 잡았다. 2인분을 만들려다 보니 닭 한 마리를 통째로

삶아서 국수를 만들면 삶은 닭의 살이 너무 많을 것 같았다. 그래서 생각해 낸 것이 닭다리와 허벅지, 날

개와 날개 윗부분은 따로 잘라내서 다른 요리를 하고(치앙마이 파트 271페이지) 닭가슴살과 안심은 삶아

서 쌀국수에 넣고 나머지 뼈로 육수를 우려내는 것이다. 커피를 핸드 드립으로 내려서 마시며 닭 한 마리

를 부위별로 분해해나갔다.

Homemade Recipe.

촬영용 음식을 만들기 위해 닭 한 마리를 분해해야 하는 일이 종종 있어서 여러 번 해본 결과, 처음에는 힘들지만 하다 보면 요령을 알게 된다. 조금 잔인하게 들릴지 모르겠지만 닭 안에 있는 뼈들의 위치를 머릿속으로 그려 보면 작업이 쉬워진다. 상상하는 위치의 뼈와 뼈 사이의 관절을 꺾고 그 사이로 칼날을 집어넣으면 실패하는 법이 없다. 뼈와 살을 분리할 때는 칼을 뼈에 최대한 가깝게 붙여 살의 손실을 최소화해서 발라낸다. 셰프들은 몇십 초 만에 이 작업을 끝낸다고 하는데 나는 그 정도까지는 아니어서 5분 정도면 꽤 그럴듯하게 부위별로 나눌 수가 있다. 얼마 전 새로 산 칼로 해서 그런지 오늘은 좀 더 수월하게 분리한 느낌이 든다.

살을 발라내고 남은 뼈는 깨끗이 씻고 냄비에 담아 물을 붓는다. 깨끗이 씻은 고수뿌리와 통후추, 코리엔더 씨를 넣고 함께 끓인다. 고수뿌리와 코리엔더씨는 둘 중에 한 가지만 넣으면 되는데 나는 두 가지가 다 있어서 둘 다 넣었다. 우리는 고수를 워낙 좋아해서 많이 넣을수록 좋다고 생각한다. 처음엔 센 불로 끓이다가 끓기 시작하면 중약불로 줄인다. 국물이 뽀얗게 될 때까지 뭉근하게 끓이는 것이다. 40~50분 정도 끓이고 나면 국물을 체에 한 번 걸러 건더기를 모두 건져낸다. 건져낸 뼈에 남아있는 살은 손으로 발라내서 나중에 쌀국수에 다시 넣으면 된다.

육수가 끓여지는 동안에는 쌀국수에 곁들여서 먹는 절임을 만든다. 베트남의 어느 쌀국숫집을 가도 테이블마다 놓여 있는 것이 마늘과 고추절임이다. 간혹 양파절임도 있어서 나는 세 가지로 만들어보았다. 어차피 베이스는 같아서 만들기도 쉽다. 마늘은 편으로 썰고 양파는 얇게 슬라이스한다. 홍고추는 송송 썰어 각각 다른 그릇에 담아둔다. 작은 냄비에 피시소스, 설탕, 식초, 물을 넣고 베트남고추를 반으로 부숴 넣는다. 설탕이 녹을 정도로만 끓인 다음 불을 끄고 썰어둔 양파, 마늘, 홍고추에 나누어 붓는다. 잘 섞고 차갑게 보관하면 쌀국수에 곁들일 준비 완료.

육수에서 건더기를 건져내고 난 국물은 냄비에 다시 붓고 끓인다. 국물의 맛을 보고 소금으로 간을 한다. 국물이 끓으면 가슴살과 안심을 넣고 삶는다. 잘 삶아진 닭고기는 건져서 손으로 찢는다. 뜨거운 닭살을 찢으면서 포가집 아주머니 생각을 했다. 미리 식혀 놓은 닭은 얼마나 찢기가 수월했을까.

쌀국수 집에서는 끓는 물에 면을 따로 삶아 국물에 넣지만 2인분만 만들 때는 그냥 육수에 넣고 삶아도 된다. 국수 양이 많으면 육수 양이 모자랄지 모르니 꼭 물을 따로 끓여서 면을 삶아야 한다. 어쨌든 나는 냄비에 있던 육수를 팔팔 끓여서 쌀국수를 넣고 끓인다. 숙주도 조금 준비해 두었다가 면이 다 익을 때쯤 넣고 불을 끈다. 숙주의 아삭한 식감을 좋아해서 넣었는데 숙주는 사실 생략해도 된다.

그릇에 면과 숙주, 육수를 담고 찢어둔 닭고기를 듬뿍 올린다. 쪽파를 송송 썰어 올리고 고수잎도 올린다. 만들어둔 양파, 마늘, 홍고추절임은 기호에 따라 곁들인다. 후춧가루를 살짝 뿌려 먹으면 더 맛이 좋다.

MAY DE VILLE HOTEL
TUYẾN PHỐ ĐI BỘ · WALKING STREET
KHU BẢO TỒN CẤP 1 - PHỐ CỔ HÀ NỘI
QUẬN HOÀN KIẾM

Vietnamese BBQ

베트남식 바비큐

하노이를 찾은 둘째 날 밤, 아무런 계획 없이 번화가를 걷다가 뭔가 기묘한 풍경에 눈길을 빼앗겼다. 사람들이 낮은 플라스틱 의자에 엉덩이를 붙이고 뭔가를 열심히 먹고 있는데, 처음에는 그게 뭔지 전혀 알 수가 없었다. 작은 테이블 위에 놓인 가스버너나 불판, 그리고 은박지로 봤을 때 구워 먹는 음식이라는 건 확실한데, 그 이상을 유추하는 건 어려웠다.

먹기 위해서 떠난 여행이라 꽤 꼼꼼하게 사전 조사를 했고, 서울에서도 충분히 다양한 종류의 베트남 음식을 경험했다고 생각했는데, 그날 밤 그 거리에서 본 베트남식 바베큐는 우리가 전혀 예상치 못한 상태에서 마주한 음식이었다. 여행지에서의 이런 순간 우리는 일단 한자리를 차지하고 본다. 다음 계획이 잡혀 있건 지금 배가 얼마나 부르건 그건 중요하지 않다. 한 입이라도 먹어봐야 직성이 풀리는 것이다. 음식에 있어서 우리는 대범한 탐험가가 되는 일이 종종 있는데, 이날 밤도 예외가 아니었다.

그릴 위에 은박지를 깔고 고기를 구워 먹는 풍경은 사실 낯선 것이 아니다. 어릴 때 집에서도 엄마는 종종 이렇게 은박지를 깔고 삼겹살을 구워주곤 했다. 그래서 그 시절에는 숯불은 외식, 은박지는 엄마식(?)이라는 나름의 구분이 있었다. 결혼 후에는 은박지 위에 고기를 구워 먹어본 기억이 없다. 왠지 하노이에서 은박지를 조우하니 어린 시절 생각이 났다.

하지만 그때의 기억과 이 음식의 결정적인 차이는 마가린이다. 고기를 마가린에 구워 먹는다라, 음. 단 한 번도 상상도, 시도도 해본 적이 없는 조합이다. 더욱 우리를 놀라게 한 건 양념된 고기와 토마토, 파인애플, 심지어는 빵까지 올려 함께 구워 먹는다는 것이다. 맛이 상상이 되는가? 입에 음식을 넣기 전까지는 우리도 갸우뚱했는데, 이게 정말 기가 막히게 맛있다. 왜 지금까지 살면서 이렇게 먹어볼 생각을 해본 적이 없을까, 하는 탄식이 들 정도로.

게다가 고기는 대패 삼겹살처럼 얇은데 알듯 말듯한 양념이 배어 있어서 한번 먹기 시작하면 끝도 없이 들어간다. 맥주와의 조합은 정말 역대급이다. 다이어트 중이거나, 술을 자제하기로 마음 먹은 사람이라면 베트남 바베큐의 세계에 발을 들이지 않는 게 좋다. 분명 후회할 테니.

결국 우리는 그 다음 날도 여정을 바꿔 이 바베큐를 먹으러 갔다. 매일 밤이라도 먹을 수 있을 것 같은 기세였지만, 우리의 시간엔 한계가 있다. 그게 분하다고 생각되는 음식은 하노이에서 이 베트남 바베큐가 유일했다.

Vietnamese BBQ

베트남식 바비큐

Ingredient. (2인 분량)

대패삼겹살 400g, 가지 1개, 토마토 1개, 파인애플 링 1개, 마늘 3통, 대파 1대, 고수 약간,

그 밖에 좋아하는 채소나 과일, 마가린 3~4큰술

* 고기양념 : 피시소스 2큰술, 설탕 1/2큰술, 다진 고수 1/2큰술
* 찍어 먹는 소금 : 영귤 또는 라임즙 1/2개분, 소금 1/2작은술, 후추 약간

Story.

베트남식 바베큐는 짧은 일정에도 두 번이나 먹으러 갔을 정도로 우리가 좋아했던 음식이다. 그런데 생각
해보면 뭐가 그리 특별한 것도 아니었는데 그 왁자지껄한 분위기 속에 사람들과 함께 섞여 앉아 고기를 굽
고 뒤집고 하는 것에 흥이 올랐었던 것 같다. 확실히 우리는 분위기에 약하다. 마가린만 있으면 집에서도
간단하게 해먹을 수 있는 이 음식이 왜 그렇게 맛이 있었는지 궁금하기도 해서 마가린 한 통을 사왔다. 촬
영 재료가 아닌 먹기 위한 마가린을 사본 것은 처음이다. 왠지 건강에 좋지 않을 것만 같아서 마가린의 고
소한 유혹을 참고 참아왔건만 베트남식 바베큐에 마가린이 빠질 수 없으니 별 수 있겠나.

Homemade Recipe.

대패삼겹살은 피시소스, 설탕, 다진 고수를 뿌려 살살 버무려서 밑간을 해둔다. 가지, 토마토, 파인애플을 한입 크기로 0.5센티미터 두께로 썰고 마늘은 얇게 저민다. 대파는 5센티미터 정도의 길이로 썰고 고수도 조금 준비한다. 우리가 하노이에서 먹었을 때는 이 정도의 채소와 과일이 들어가 있었는데 여기에 버섯 종류를 넣어도 맛이 좋을 것 같다.

베트남식 바비큐에서 마가린 다음으로 중요한 것이 소금장이다. 우리나라에서 삼겹살에 소금, 후추, 참기름을 섞은 장을 곁들이듯이 여기에선 소금, 후추에 라임(또는 영귤)을 짜 넣는다. 고소한 참기름이 상큼한 라임으로 바뀌었을 뿐인데 여기서 엄청난 맛의 차이가 난다.

팬에 마가린을 올려 녹인다. 현지에선 작은 마가린 한 통을 다 넣어주었다. 느끼할 것 같았지만 신기하게도 그렇지 않았다. 마가린에 삼겹살을 굽다니, 지금 생각해도 여러모로 대단한 음식이다.

여기에 삼겹살과 파인애플, 토마토, 마늘, 대파, 고수를 올려 굽는다. 모든 재료에 마가린이 스며들어 고소한 맛이 밴다. 소금, 후추에 라임을 쭉 짜 넣고 익은 고기와 채소를 찍어 먹는다. 마가린과 함께 구워진 삼겹살이 짭쪼롬한 소금, 그리고 새콤한 라임향과 함께 입안에서 어우러지며 하노이의 밤이 떠오른다. 신기하게도 이 라임소금 덕에 아주 이국적인 맛이 난다. 구운 파인애플을 한 입 먹으면 그 이국적인 향이 배가된다. 빵이 있으면 여기에 함께 올려 구워 먹어보시라. 삼겹살의 기름과 마가린이 빵을 어떻게 맛있게 구워줄지 상상만 해도 군침이 돈다.

Pho Bo

포보_소고기쌀국수

Hanoi, Vietnam

쌀국수는 좋은 음식이다. 해장에 좋다거나, 국물의 풍미가 좋다거나 하는 의미라기보다는 소개팅 자리에서 우리 부부의 어색함을 없애준 음식이라는 점에서 그렇다. 정말 뜬금없는 이야기처럼 들리겠지만, 난 여전히 쌀국수를 그런 음식으로 기억하고 있다. "음식은 추억이다."라는 진부한 말을 굳이 떠올리지 않더라도, 어떤 음식은 그 자체로 인생의 한 순간을 소환한다. 쌀국수는 우리를 정확히 2010년 2월, 구정 연휴의 첫째 날로 데려간다.

조금 더 구체적으로 그때를 회상해보자면, 첫눈에 '이 여자다.' 싶었던 나와 달리 아내인 김은아 씨는 대체로 시큰둥한 표정이라 초조해하던 차에 마침 저녁 식사 때가 되어 근처의 쌀국숫집을 찾게 됐다. 뭔가 반전을 찾지 못하면 여기서 끝이겠다 싶던 순간, 쌀국수가 나오면서 자연스레 화제가 고수coriander로 흘렀고, 우린 고수만으로도 한참을 신나게 대화를 이어갈 수 있었다. (참고로 나는 그때까지 수많은 사람과 쌀국수를 먹었지만, 쌀국수에 고수를 넣어 먹는 한국 사람은 단 세 명밖에 보질 못했다.) 아내는 내가 고수를 몹시 좋아하는 사람이라는 사실을 알고 난 뒤에서야 비로소 신선한 호감이 생기기 시작했다고 하니 지금도 고수만 보면 절이라도 하고 싶은 심정이다.

베트남 음식을 광적으로 좋아하는 우리 부부는 하노이에 오기 전부터 쌀국수에 대해서는 특히 더 기대가 컸다. 거리에서 단돈 몇천 원이면 한국보다 훨씬 맛있는 쌀국수를 즐길 수 있다는 이야기부터, 반드시 맛보아야 할 가게들을 꼽아준 지인들까지, 하노이의 쌀국수를 상상하는 동안 몇 번이고 하노이와 서울을 오고 갔다.

Chapter 02

요즘은 서울의 쌀국수도 충분히 맛있지만, 하노이에서 현지의 쌀국수를 먹어보니 우리가 지금껏 국내에서 먹었던 쌀국수에는 뭔가 빠져 있다는 느낌을 지울 수 없었다. 돌이켜 생각해보면 그건 구체적인 맛의 차이라기보다는 식재료의 풍성함이 주는 식욕과 안정감의 차이였다. 서울에서라면 일부러 요청해야 할 고수와 라임이 테이블에 잔뜩 쌓여 있으니, 먹는 동안 조급함이 들지 않았다. 고수를 더 달라고 요청해도 작은 그릇에 다 뜯겨 나오는 슬픈 광경을 마주하며 입맛을 다셔야 하는 게 서울의 경험이었다면, 이미 육수에서부터 고수와 다양한 향신채의 풍미가 깊게 배어 아쉬움이 남지 않게 즐길 수 있는 게 하노이에서의 쌀국수였다. 아무래도 고수를 싫어하는 사람이 90퍼센트 이상인 서울에서라면 육수를 내는 단계에서부터 고수를 풍부하게 쓸 수 없겠지. 라임도 한두 개 찔끔찔끔 짜는 게 아니라, 몇 개를 한 손에 움켜쥐고 뿌려먹을 수 있다는 데에서 오는 쾌감의 차이는 의외로 컸다.

동남아 풍미의 향신채를 좋아하지 않는 사람이라도 하노이에 간다면 손에 집히는 대로 이것저것 풍덩풍덩 다 넣어서 먹어보길 바란다. 모험을 할 수 있는 건 여행자의 특권이니까. 아마 그 풍미에 눈뜨는 순간이 또 다른 누군가에게는 인생의 '좋은(혹은 좋았던)' 한때로 기억될 것이다.

Table

Hanoi, Vietnam

Pho Bo

포보_소고기쌀국수

Ingredient. (2인 분량)

한우 잡뼈 1.5kg, 물 4L, 양지머리 300g, 계피 작은 것 2조각, 팔각 4개, 고수뿌리 10개, 코리엔더씨 1작은술, 쌀국수 2인분, 숙주 한 줌, 고수와 쪽파 약간씩, 스리랏차 칠리소스, 호이신소스, 채소절임(앞서 '포가'에서 만들었던 양파, 마늘, 고추절임)

Story.

먹어도 먹어도 질리지 않는 소고기쌀국수는 정말 맛있는 집과 맛없는 집의 편차가 큰 음식이다. 그 맛의 차이는 육수에서 판가름이 나는데 육수가 얼마나 진한지, 향신료가 적당히 들어가 있는지에 따라 기호가 나뉘는 것 같다. 간혹 조미료를 과하게 넣어서 혓바닥이 아릴 정도인 집도 있으니 쌀국수는 반드시 검증된(?) 맛집을 찾아서 먹는다.

하노이에서 모든 쌀국수를 먹어보지 못해서 확실하진 않지만 그냥 이름 없는 노점에서 먹는 소고기쌀국수조차 맛이 있는 건 어떤 이유에서인지는 모르겠다. 하노이에서도 소고기쌀국수 맛집으로 손에 꼽는 집엘 가봤다. 주문도 하기 전에 옆 테이블에 나오는 쌀국수 비주얼만 봐도 입에 침이 고였다. 몇 시간을 끓였는지 모를 큰 솥의 뜨거운 육수를, 그릇에 담긴 쌀국수와 얇게 썰어낸 소고기 위로 크게 두어 국자 부어준다. 뜨거운 육수 덕에 소고기는 미디움으로 부드럽게 익는다. 대충 썬 쪽파를 뿌리고 국수가 마침내 테이블로 옮겨지면 빨간 고추 몇 개와 라임즙을 곁들여서 휘휘 저어 맛을 본다. 뜨거운 날인데도 '시원하다!'는 말이 절로 나올 만큼 국물이 시원하게 가슴속을 뻥 뚫어준다. 잘 끓인 소고기 무국과도 비슷한 이 시원하고 깔끔한 맛에 고수씨와 팔각의 이국적인 향이 더해진 듯하다. 이게 단돈 3천 원이라는 게 믿기질 않는다.

Homemade Recipe.

쌀국수를 좋아하는 우리는 쌀국수를 만들 날을 벼르고 별렀다. 시간이 꽤 걸리기 때문에 당연히 일요일을 택했다. 전날 밤에 마트에서 필요한 재료들을 샀다. 쌀국수와 팔각, 계피는 스튜디오에 남아있는 것을 챙겨오고 한우 잡뼈와 한우 양지는 넉넉히 구입했다. 고수뿌리를 꼭 넣고 싶어서 내가 뼈를 씻어 핏물을 빼는 동안 남편이 SSG푸드마켓에 가서 고수도 사왔다.

한우 잡뼈는 찬물에 담가 최소 한 시간 이상 핏물을 뺀다. 빨간색 물이 나오지 않으면 한 번 더 씻어서 물기를 빼고 냄비에 물과 함께 넣고 끓이기 시작한다. 센 불로 끓이다가 끓기 시작하면 중불로 줄이고 계피, 고수뿌리, 코리엔더씨, 팔각을 넣고 끓인다. 구기자와 통후추도 있으면 함께 넣는다. 이렇게 40~50분가량 끓여 뽀얗게 국물을 낸다. 30분 이후부터는 약불로 줄이고 중간중간 거품도 걷어낸다. 육수만 잘 내면 소고기쌀국수는 거의 다 만든 거나 다름없다. 라임을 썰어두고 채소절임을 꺼낸다. (채소절임은 '포가'에서 만들었던 양파, 마늘, 고추절임 레시피를 참고하세요.)

국물이 뽀얗게 우러났으면 체에 받쳐 건더기를 모두 걸러내고 다시 냄비에 담는다. 육수를 또 한 번 끓이고 이번에는 한우 양지를 넣어 익힌다. 양지 두께에 따라 다르겠지만 10~15분 정도 끓여서 미디움 상태로 익혀 썰어둔다.

육수 맛을 보고 소금으로 간을 맞춘다. 국물 쌀국수용 쌀면을 2인분 넣고 익힌다. 면을 삶으면 국물이 꽤 많이 줄어드니 그것을 감안해서 국물 양을 넉넉히 만들어놔야 한다. 아니면 면을 끓는 물에 따로 삶아서 준비해도 좋다.

익은 면을 건져 그릇에 담고 썰어둔 고기를 올린다. 채소절임과 고수, 숙주 같은 것은 취향에 따라 곁들이면 된다. 쪽파도 대충 썰어 대충 뿌린다. 우린 어떤 음식을 해 먹을 때 되도록이면 그 나라에서 사온 그릇을 사용하는데 일식은 일본에서 사온 그릇, 베트남식은 베트남에서 사온 그릇, 한식은 이천에서 사온 그릇…. 이런 식이다. 맛에는 차이가 없겠지만 먹기 전에 음식이 담긴 모양새나 분위기만으로도 식욕이 두 배는 상승한다고 생각한다. 베트남 밧짱에서 사온 그릇에 베트남 음식을 담으면 그릇에 그려진 그 문양만으로도 베트남 느낌이 물씬 나서 더 맛있게 느껴진다.

아침에 뼈의 핏물을 제거하고 고수를 사러 다녀온 시점으로부터 무려 다섯 시간 후의 시식이다. 다섯 시간의 노력에 비해 국물은 조금 모자란 듯한 느낌이지만 한 숟갈 떠서 입에 넣으니 보람찬 하루라는 생각이 든다. 역시 고수뿌리를 듬뿍 넣길 잘했다. 차갑게 보관했던 채소절임을 조금씩 올려서 고기, 면과 함께 싸먹고 있으니 탄수화물 절제식 다이어트라는 것은 다음 생에도 하고 싶지 않다.

맛있게 먹고 있으니 남편이 병 하나를 스윽 테이블 위에 올린다. 그건 바로 '쌀국수 장국'. 어제 마트에서 보고 필요한 줄 알고 하나 샀다고 한다. 이걸로 국물을 만드는 줄 알았다고 한다. 가격도 3500원가량이다. 그래도 이렇게 정성껏 만들어서 먹으니 더 좋았다고 한다. 그렇다고 한다. 다음에는 쌀국수 장국으로 만들어보자고 한다. 그래 그러자.

Banh Xeo

반쎄오

베트남식 부침개인 반쎄오를 처음 맛본 곳은 방콕의 어느 백화점 푸드코트였다. 숙주와 새우, 돼지고기를 넣고 바삭하게 부친 부침개가 우리 해물파전 같기도 하고 빈대떡 같기도 해서 맛있게 먹었던 기억이 난다. 나중에 찾아보니 쌀가루로 만드는 데다 만드는 과정도 비슷해서 우리나라 빈대떡 생각이 났던 것이다. 반쎄오는 지역별로 들어가는 재료도 조금씩 다르다고 하는데 어떤 곳은 녹두를 갈아서 넣기도 한다고 한다. 각 나라의 음식문화는 너무 다르면서도 이렇게 비슷한 것을 보면 맛있는 것은 세계 어디든 일맥상통한다는 생각이 든다.

반쎄오의 뜻을 찾아보니 반^{banh}은 케이크이고 쎄오^{xeo}는 의성어로 '바지지', '뿌지지' 하는 소리를 뜻한다고 한다. 그 의미를 합해보면 지글지글 구워내는 케이크, '치익' 소리를 내며 익는 케이크라는 뜻이 된다. 잘 달궈진 기름이 자작한 팬에 반죽을 국자로 부었을 때 나는 기분 좋은 '치익' 소리라니. 이것마저 우리 빈대떡과 닮았다.

Hanoi, Vietnam

Banh Xeo

반쩨오

Ingredient. (2인 분량)

쌀가루(부침가루로 대체 가능) 3/4컵, 달걀 1개, 코코넛밀크 1/2컵, 강황가루 1큰술, 소금과 후추 약간씩,

다진 마늘 1작은술, 양파, 돼지고기채 100g, 숙주 한 줌, 식용유 5큰술, 쪽파와 고수 약간씩, 라이스페이퍼 2인분

* 곁들이는 소스 : 칠리소스 2큰술, 피시소스 1/2작은술, 라임즙 또는 레몬즙 1큰술

Story.

반쩨오는 빈대떡과 만드는 법이 비슷하지만 조금 다르다. 반죽에 물 대신 코코넛밀크를 넣는다. 물로도 만들어 보았는데 코코넛밀크의 크리미한 맛 때문인지 코코넛밀크로 해야 훨씬 고소한 맛이 난다. 반쩨오의 노란 반죽의 비밀은 강황이다. 우리 할머니는 녹두빈대떡에 치자가루를 넣어 노란색을 내시곤 했는데, 강황이 없으면 치자가루로 대신해도 될 것 같다.

Homemade Recipe.

쌀가루에 달걀, 소금, 후추, 코코넛밀크를 넣고 덩어리가 없도록 잘 섞는다. 반죽의 농도는 꽤 묽다 싶을 정도다. 한 숟가락 떠서 주르륵 흘렸을 때 달걀물이 흘러내리는 정도의 농도라고 하는 게 맞겠다.

마늘은 다지고 양파는 채 썬다. 숙주는 깨끗이 씻어 손질해두고 돼지고기도 채 썬다. 고기든 해물이든 넣고 싶은 재료를 넣으면 되는데 돼지고기와 새우의 조합이 가장 무난하다. 팬에 식용유를 두르고 기름이 달궈지면 마늘을 넣어 향을 내듯이 볶는다. 마늘 향이 기분 좋게 퍼지면 양파를 넣고 볶는데 투명하게 볶아져야 단맛이 극대화된다. 돼지고기와 새우, 숙주를 모두 넣는다. 이때 불이 약해지면 물이 생겨서 맛없게 볶아지니 불은 최대로 올린다. 볶을 때 소금, 후추로 밑간을 한다. 볶은 재료는 접시에 따로 담아둔다.

곁들여 먹는 소스도 미리 만들어둔다. 그래야 반쎄오를 바삭바삭할 때 먹을 수 있다. 이제 부치는 일만 남았으니 테이블세팅도 슬슬 시작한다. 함께 먹을 채소와 라이스페이퍼, 그리고 라이스페이퍼를 불릴 따뜻한 물도 미리 준비해둔다.

팬에 식용유를 넉넉히 두르고 예열을 한다. 부침개도 꼭 그렇게 해야 바삭하게 부칠 수 있다. 기름이 달궈져서 일렁일렁하면 반죽을 한 국자 떠서 올린다. 반쎄오는 최대한 얇게 부치는 게 좋다. 두께가 얇아 금세 익으니 볶아놓은 재료를 바로 올린다. 그리고 반으로 빠르게 접는다. 이 모든 과정이 빠르게 이루어져야 한다. 그렇지 않으면 반으로 접기 전에 다 익어버려서 접은 뒤에 고정이 되지 않는다. 불을 약하게 해놓고 부쳐도 되지만 그러면 덜 바삭하게 만들어진다.

팬 위의 반쎄오를 반으로 접어서 반죽이 안쪽까지 익으면 꺼내서 먹기 좋게 자른다. 이걸 라이스페이퍼에 채소와 함께 싸서 먹을 것이라서 싸 먹기 좋은 크기면 된다.

라이스페이퍼를 따뜻한 물에 불리고 반쎄오 한 조각을 올려서 부추나 고수를 함께 넣고 말아 만들어둔 칠리소스에 찍어서 먹는다. 안은 바삭하고 겉은 부드러운 신선한 조합이다. 겉은 바삭하고 안은 부드러운 음식은 여럿 먹어보았으나 이런 조합은 흔치 않다.

Banh Mi

반미

'물도 맛있게 먹는 부부'라는 걸 알고 있는 우리의 지인들에게는 조금 놀라운 이야기일 수도 있는데, 우리 부부는 빵에 대해서만큼은 식욕이 거의 없다. '빵이 너무 먹고 싶어!'라고 하는 순간이 찾아오지 않기 때문에, 아무리 맛있고 유명한 빵집이라도 일부러 찾는 경우가 없다. 빵을 떠올리면서 침샘이 고인다든지 하는 자연반사적인 생리작용이 좀체 일어나질 않는다.

하지만 베트남 스타일 샌드위치인 반미**Banh Mi**만큼은 예외다. 얼마나 반미를 좋아하냐면, 언젠가 우스갯소리로 '반미 운동'이라는 네이밍으로 가게를 차려볼까 생각했을 정도니까.(물론 농담으로 끝났지요.) 맛있는 반미라면 하루에 세끼 모두 반미만 먹을 수도 있다.

사실 바게트빵에 이것저것 다양한 재료를 넣어 먹는 것 외에는 특별할 게 없는 메뉴처럼 보이지만, 이 미묘한 차이를 만들어내는 건 결국 또 고수다. 국내에서 파는 반미는 한국인의 식성을 고려해 고수를 조금만 넣거나 아예 빼는 경우도 있는데, 이건 진정한 의미에서 반미라고 할 수 없다.

이번 하노이에서도 우리가 한국인임을 알아챈 반미 가게 주인들이 고수를 빼거나 줄이려는 움직임을 보일 때마다 우리는 한 목소리로 "고수, 더더더!"를 외쳤다. 사정이 이렇다보니 고수를 맛있게 먹기 위해 반미를 찾는 것 같다는 생각이 드는 것도 무리가 아니다.

조금 더 과장하자면 우리에게 반미는 빵이라는 음식으로 맛볼 수 있는 최상의 음식이다. 집에서 만들기도 어렵지 않다. 우리의 레시피를 보고 누구나 반미의 매력에 푹 빠져, 진짜 '반미(를 집에서 만들어서 먹자는) 운동'이 일어나길 기대해본다.

Bahn Mi

반미

Ingredient. (2인 분량)

반미(없으면 일반 바게트) 큰 것으로 1개 또는 작은 것 2개, 삼겹살 또는 목살 200g, 청상추 5~6장, 고수 잎 한 줌, 표고버섯 2개, 달걀 2개, 샬롯튀김 2큰술

* 고기양념 : 피시소스 1큰술, 간장 1큰술, 다진마늘 1작은술, 설탕 2작은술

* 빵에 바르는 소스 : 마요네즈 4큰술, 스리랏차 칠리소스 1큰술, 라임즙 1/2개분, 후추 약간

* 채소절임 : 당근 1/4개, 무 주먹만 한 크기, 마늘 2톨, 홍고추 1개, 물 1컵, 피시소스 2큰술, 설탕 2큰술, 식초 1.5큰술, 라임즙 1개분, 베트남고추 2개(선택)

Story.

90년간 프랑스의 식민지였던 베트남에 자연스레 바게트가 전파되었는데 쌀이 주식인 베트남의 식습관에 걸맞게 밀가루에 쌀가루를 혼합해서 만든 빵이 바로 '반미'다. 반미는 그냥 먹기도 하고 고깃국물에 찍어 먹기도 하고 토스트처럼 구워 먹기도 하는데(베트남식 바비큐에도 반미가 나와요.) 가장 보편적으로는 반을 갈라 채소와 고기, 달걀프라이 등을 넣어서 샌드위치처럼 먹는 것이다. 그래서 보통 '반미'라고 하면 반미샌드위치를 말한다.

파삭한 일반 바게트보다 겉면이 부드러운 편인 반미는 샌드위치로 먹기에 좋은 빵이다. 요즘은 반미샌드위치 가게도 많이 생기고 쌀국수 전문점에서도 반미를 팔기 시작했는데 일반 빵집에서 반미를 구하기는 쉽지가 않다. 그래서 나는 우리 동네의 맛있는 빵집 바게트를 사용한다. 반미는 보통 한 뼘 정도의 길이로 작게 만들어져서 1인당 한 개가 필요하지만 일반 바게트를 사면 한 개로 2인분을 만들 수 있다.

Homemade Recipe.

바게트의 길이를 반으로 자르고 양 옆의 뾰족한 빵 끝부분은 잘라낸다. 원래 이 부분이 바삭해서 맛있지만 반미는 부드러워야 더 맛이 좋기 때문이다. 빵의 옆면을 가로로 80퍼센트 정도만 갈라서 벌리고 팬을 달궈서 빵의 안쪽과 바깥쪽을 굽는다. 노릇노릇 구워지면 빵이 눅눅해지지 않도록 잘 펼쳐 놓는다.

마요네즈와 스리랏차 칠리소스를 섞고 라임즙을 짜 넣는다. 통후추도 조금 갈아 넣는다. 고기는 삼겹살이나 목살로 준비해서 양념을 한다. 반미에는 뭐든지 원하는 재료를 넣으면 되는데 우리는 돼지고기와 달걀이 들어간 반미를 특히 좋아해서 이 두 가지는 꼭 넣는다.

앞에서도 여러 번 만들었던 채소절임을 또 만든다. 어떨 때는 소스로도 활용하고 반찬으로도 먹는 이 레시피는 베트남 편에서 주구장창 등장한다. 이거 하나만 있으면 반은 완성한 거다. 한 번에 많이 만들어서 냉장고에 넣어두면 마음이 그렇게 든든할 수가 없다.(이 날도 미리 만들어둔 채소절임이 있어서 정말 편했다.)

프라이팬을 달궈서 달걀을 반숙으로 굽는다. 반숙이 싫다면 당연히 완숙을 하면 된다. 다 구운 달걀은 따로 두고 같은 팬에 고기를 굽는다. 고기의 양념 때문에 팬이 타기 쉬운데 그 전에 달걀을 먼저 구워두는 것이다. 이런 사소한 조리의 순서가 정갈한 음식과 주방을 만들어준다. 살림을 할 때는 이런 사사로운 계획성에 나 스스로가 대견하다고 느낀다. 표고버섯도 슬라이스해서 넣고 고기와 함께 볶는다. 청상추와 고수는 씻어서 빵에 잘 끼워질 정도의 사이즈로 뜯는다.

이제 조립만이 남았다. 준비한 빵의 안쪽 면에 스리랏차 마요네즈소스를 바른다. 구운 고기와 표고버섯, 뜯어놓은 청상추와 고수도 넣는다. 반숙으로 익힌 달걀도 넣는다. 채소절임도 넣고 튀긴 샬롯도 조금 뿌린다. 튀긴 샬롯은 이태원의 외국인 마트나 인터넷으로 살 수 있는데 없으면 생략하면 된다. 이렇게 완성하면 한 입에 넣을 수 없을 것 같은 크기가 된다. 이걸 어떻게 먹나 싶지만 속재료를 꾹 누르고 빵을 반으로 접어 두 손으로 잡고 와구와구 먹으면 그것처럼 행복한 식사도 없다. 와구와구 먹는 게 포인트다.

Vietnamese Coffee

베트남커피

월남커피 라고도 불리는 베트남커피는 주로 연유를 넣어 마셔서 그 진하고 달달한 맛이 우리네 믹스커피와도 비슷한 느낌이 든다. 7년 전쯤 출장으로 베트남에 처음 갔었는데 그때는 오리지널 베트남커피를 맛보지 못했다. 최근에는 서울에서도 베트남커피를 파는 곳을 종종 볼 수 있는데 베트남 여행가서 커피 좀 마셔봤다고 하는 친구들은 서울의 비싼 월남커피 값에 혀를 끌끌 찼다. 베트남의 노점에서 목욕탕 의자에 앉아 천 원짜리 연유커피 한 잔을 시키면 얼음물이랑 세트로 쟁반까지 받쳐서 주는데 맛도 얼마나 좋은지 아느냐고 하면서 이번에 여행가면 원없이 마셔보고 오라고들 했다. 단맛이 나는 커피를 즐기지 않는 남편이 과연 좋아할까 했지만 더운 날 땀 뻘뻘 흘리며 걷다가 마신 달콤한 연유커피를 시작으로 베트남커피는 우리 여행 내내 단비같은 존재였다.

Vietnamese Milk Coffee

베트남식 연유커피

Ingredient.

베트남커피 원두 3큰술, 물 1컵, 연유 2큰술

Story.

베트남커피의 매력에 빠져서 매일 세 잔씩 꼬박꼬박 마신 것도 모자라서 커피핀(베트남커피 핸드드리퍼)을 마트에서 두 개나 사왔다. (사실은 원두 구입하면서 도자기로 된 커피핀과 잔 세트도 두 개 더 구입했다.) 원두 가게에서 아라비카 100퍼센트라고 추천해주신 것과 루왁커피, 이렇게 두 가지를 구입했는데 루왁커피는 워낙 향이 좋다고 하니 그냥 드립으로 즐기고 아라비카 100퍼센트 원두로 드립한 것은 연유를 넣어 달달하게 마신다.

Homemade Recipe.

커피핀은 몸체와 프레스, 뚜껑으로 구성되어 있다. 우선 잔에 연유를 2~3큰술 넣어 바닥에 깔리게 한다. 일반 커피잔보다는 두께감이 있는 유리잔이 좋은데, 이는 커피가 드립되는 것을 지켜볼 수 있어서 좋은 것도 있지만 그보단 왠지 베트남 현지 느낌이 난다고 해야 할까. 아무튼 유리잔에 몸체를 올리고 원두 갈은 것을 3큰술 정도 넣고 평평하게 만든다. 그리고 프레스로 원두를 압축하듯이 꾹 누른다. 이때 원두가 최대한 평평하게 압축되어야 커피맛이 잘 우러나온다고 한다. 프레스를 그대로 둔 채로 뜨거운 물을 붓고 뚜껑을 덮는다. 3분 정도의 시간이 지나면 유리컵에 진한 커피가 담긴다. 하얀색 연유와 층을 이룬 모습이 딱 베트남 노점상 커피같다. 처음엔 그냥 커피만 맛보고, 그 다음에 휘휘 저어서 달콤하게 마신다.

아이스로 마시려면 커피 양은 늘리고 물 양은 줄여야 한다. 진하게 내려서 얼음을 넣는 것이다. 연유의 양은 먹을 때마다 줄였다가 늘였다가를 반복하여 내가 좋아하는 최상의 비율을 찾아가면 된다.

Vietnamese Coconut Coffee

베트남식 코코넛커피

Ingredient.

베트남커피 원두 4큰술, 물 1/3컵, 연유 3큰술, 코코넛밀크 1컵, 얼음 5조각

Story.

베트남커피 체인점인 콩까페(cong café)에서 우리나라 사람들에게 가장 인기 있는 메뉴가 코코넛커피다. 우리도 가서 마셔보았는데 코코넛밀크의 이국적인 고소함이 커피향과 묘하게 잘 어우러진다. 코코넛밀크가 슬러시 같은 질감으로 올라가 있었는데 라떼처럼 그냥 붓지 않고 슬러시 형태라서 더 좋았던 것 같다.

Table

Hanoi, Vietnam

Homemade Recipe.

코코넛밀크는 전날 냉장고에 보관했다. 얼음과 함께 갈아야 하는데 미지근하면 얼음이 너무 빨리 녹아버릴 것 같았다. 커피핀을 유리컵 위에 올리고 원두를 4큰술 넣는다. 프레스로 꾹꾹 눌러 원두를 평평하게 하고 나서 뜨거운 물을 붓고 뚜껑을 덮은 다음 기다린다. 물 양이 적으니 진한 커피가 내려온다. 커피가 내려지는 동안 믹서기에 얼음과 연유, 코코넛밀크를 넣고 슬러시 같은 질감으로 곱게 갈아준다. 성능 좋은 업소용 믹서기가 있으면 더 좋겠지만 가정용의 작은 믹서기로도 두 잔 정도는 만들어낼 수 있다.

내려놓은 커피 위에 코코넛밀크 슬러시를 떠서 올린다. 까만 커피와 조금씩 섞이면서 그라데이션을 만들어낸다. 윗부분은 아이스크림처럼 숟가락으로 조금 떠서 먹다가 아래쪽 커피와 조금씩 섞어서 먹는다. 까페에서 먹은 그 질감처럼 보드랍진 않지만 맛은 비슷하다. 늦은 점심을 먹고 코코넛커피 한 잔 나눠 마시며 또 여행 이야기를 나눈다. 여행에서 먹은 음식들은 늘 우리를 다시 그 공간, 그 순간으로 데려다준다.

Jeju,

Traveler's Table.

Korea

제주, 한국

우리의 식탁

-

전복김밥, 전복주먹밥과 오징어무침

성게알전복죽

돔베고기와 고기국수

문어라면

회국수

당근케이크

Trav

eler.

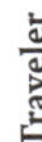

한때는 우리도 제주라는 열병을 앓은 적이 있다. 주변 사람들이 하나둘씩 서울 생활로부터

벗어날 최적의 목적지로 제주를 꼽기 시작하자 우리의 마음도 덩달아 조급해졌다.

제주에 '차리다 스튜디오' 분점을 열어 서울과 제주를 오가며 일하는 소극적인 방법과

아예 제주로 터전을 옮겨 다른 방식의 삶을 살아가는 적극적인 방법 사이에서

꽤 오랜 시간 고민을 했지만, 결국엔 원점.

보다시피 우리는 여전히 서울에 발을 딛고 살고 있다.

치열한 생계를 잠시 멈추고 피렌체와 바르셀로나에서 각각 한 달씩 지내다 온 우리 부부를

굉장한 모험가일거라 여기는 사람들에게는 다소 실망스럽게 들릴 수도 있지만,

우리는 그렇게 모험을 즐기는 타입은 아니다. 모험을 즐기기엔 우리가 하는 일이 너무 커져

버린 이유도 있다. 차리다 스튜디오는 이미 그때와 비교할 수 없을 만큼 성장해버렸다.

우리 둘의 생계가 잠시 멈추는 건 상관없지만 우리의 꿈과 모험을 위해 직원들의 삶과 꿈을

멈추게 할 수는 없는 일이다.

그 사이 제주는 우리가 생각했던 것 이상으로 우리에게 가깝게 다가와 있었다.

저가항공이 자리 잡은 덕분인지, 3~4년 사이에 제주를 오가며 프로젝트를 진행하는 일이

많아져서인지 모르겠지만, 어떤 때는 부산이나 광주 같은 '육지' 내의 지방도시를 가는 것보다

제주로 가는 것이 더 쉽게 느껴진다.(제주 사람들은 우리를 육지 사람이라 부르더라.)

제주만의 것이라고 여겨지던 많은 것들이 이미 우리의 생활 반경 안에 들어와 있다.

제주는 더 이상 생소하지 않다. 고유하다고 여겨지는 것들이 사라지니, 제주에서의 삶을

꿈꾸던 우리의 열망도 어느새 사그라들었다.

하지만 여행지로서의 제주는 여전히 매번 새롭다. 불과 한 시간 거리로 갈 수 있는

국내의 장소 중에서 이토록 여행자의 기분을 느끼게 해주는 곳은 많지 않다.

더 이상 낯설지는 않지만, 여전히 많은 것들이 우리의 두 눈을 반짝이게 한다.

비로소 편안한 마음으로 더 깊게 들여다보게 됐다. 진짜 제주를 이제서야 조금씩 알아가고

있다는 생각이 든다. 봄, 여름, 가을, 겨울 어느 때라도 우리는 제주에 가기 위해 짐을 꾸린다.

우리의 본격적인 제주도 이제부터 시작일지 모르겠다.

가족들과 다 함께 찾은 겨울의 제주. 둘만의 제주와는 또 다르다.

가는 곳도, 먹는 것도, 우리가 눈길을 두는 곳도.

Jeju, Korea

카메라를 쥐는 손의 각도, 한 치의 미동조차 허용하지 않겠다는 팔목의 지지,

피사체를 좀 더 정확하게 보려 한쪽 눈을 질끈 감는 것까지,

누군가는 엄청 진지하고, 보는 이들은 몹시 유쾌하다.

첫 번째 결과물. 속이 비칠 듯 매끈하다.

두 번째 결과물. 곱고 푸른 빛깔 속에 바다의 깊은 맛이 숨어 있다.

아버지와 아들. 대체로 가족 내에서 가장 말수가 적은 사이.

그에 비해 여자들은 늘 어쩜 이렇게 애틋한지.
조카까지, 우리 집 여자 넷.

제주에서는 바람을 유독 더 의식하게 된다. 이소라의 노래 〈바람이 분다〉에 나오는

'천금 같았던 추억이 담겨져 있던', 머리 위를 스쳐 지나가는 제주의 세찬 바람 앞에

가만히 서서 가끔씩은 적막 같은 시간을 마주한다. 서울에서는 좀체 가질 수 없는 순간이다.

형형색색.
예전에는 신경도 쓰지 않고 지나치던
자연이 품고 있는 형태와 색상에
더욱 오랫동안 눈길이 머문다.

이번 숙소 주변엔 고양이가
많았는데, 역시 제주라 그런지
고양이들도 급할 것 없이 느긋하다.
살짝 경계하는 것 같으면서도 금세
주의를 풀고 늘어진다. 냐아옹.

Jeju, Korea

'제주' 하면 으레 바다를 먼저 떠올리기 마련이지만, 사실 요즘은 우리 둘 다 숲길을 따라 걷는 재미에 푹 빠져 있다. 잘 알려진 곳들도 좋지만 역시 사람들로 붐벼 금세 지치고 마는 데 반해, 제주에 지천으로 널려 있는 야트막한 오름들은 인적도 드문 데다 힘들이지 않고 둘러볼 수 있어 발걸음이 훨씬 가볍다. 최근 우리 둘의 여행 패턴은 아침 7시에 숙소를 나서 가까운 오름 하나에 올라 정상에 잠시 멈춰 서서 아주 먼 곳까지 내다본 뒤, 천천히 내려와 또 다른 오름을 찾아나서는 식이니 하루에 많을 때는 3~4개의 오름에 오르기도 한다.

산이라고 하기엔 낮고, 언덕이라고 하기엔 좀 높은 제주의 수많은 오름들은 오르는 동안 주변에 시야를 가리는 게 없어서 걷다가 무의식 중에 뒤돌아볼라치면 깜짝 놀랄 만큼 아찔한 기분에 사로잡히는 때가 있다. 그 아찔함이 너무 재미있어서, 어느 정도 높이에 오르기 전까지는 절대 뒤를 돌아보지 않는 게 우리만의 오름 즐기기 노하우.

숲길 중에서는 최근에 발견한 한라 생태숲이 몹시 인상적이었다. 훼손되고 방치되어 있던 야초지를 원래의 숲으로 복원한 곳이라는데, 규모가 무척 방대해서 쾌적한 데다 아기자기하면서 세심하기까지한 흔적들이 곳곳에 숨어 있어서, 왜 이렇게 사람들에게 알려지지 않았는지 이해할 수 없을 정도였다. (그 넓은 숲길에서 딱 두 명과 마주쳤다.) 이 책이 베스트셀러가 되면 분명 발 디딜 틈도 없을 정도로 유명해질지 모르니 그 전에 꼭 방문해보시길. (그런 일은 좀처럼 일어나지 않을 테니 다소 느긋하게 가서도 좋습니다.)

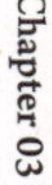

해 뜰 무렵과 해 질 무렵, 그때의 하늘이 물들어가는 짧은 순간을 좋아한다. 같은 듯 다르고, 다른 듯 비슷하다.
해 뜰 무렵과 해 질 무렵, 그때의 하늘이 물들어가는 짧은 순간을 좋아한다. 같은 듯 다르고, 다른 듯 비슷하다.

의식하지 않고 있는 것 같아도,
(촬영자를) 염두에 두고 있다.

"낮술은 인생을 아름답게 만든다." – 장기하

그의 노랫말이 그렇게 재기발랄하면서도 아름다운 건 분명 그가 낮술을 즐기는 사람이기

때문일 것이다. 우리도 역시 낮술을 즐긴다. 직장을 그만두고 함께 일해서 좋은 몇 안 되는

장점 중 하나이자, 예전 같은 직장 생활로 돌아가지 못하게 하는 가장 큰 유혹.

우리의 인생은 낮술 앞에서 수시로 행복해지고, 이 행복을 놓치기엔 너무 멀리 와버렸다.

자, 슬슬 왔던 길을 다시 돌아가볼까.

Ta
Jeju, Korea

전복김밥과 오징어무침

사실 김밥이 뭐 김밥이지 싶었다. 어릴 땐 김밥 먹는 날이 일 년 중에 제일 신나는 날이었는데, 어른이 된 뒤의 김밥은 바쁠 때 간단하게 한 끼 때울 수 있는 패스트푸드 그 이상도 그 이하도 아니었으니까. 지난 봄 출장차 찾았던 제주에서 동행했던 일행이 "우리 김밥 사가지고 숙소로 가요." 라고 할 때까지만 해도 '제주도까지 와서 하필 웬 김밥?' 하고 속으로 시큰둥했었다.

그래도 제주를 자주 오가는 지인의 추천이니 '흑돼지는 내일 먹지 뭐.' 하며 큰 내색은 하지 않고, 공항 근처의 가게를 찾았다. 그러고는 인원수에 맞게 전복김밥과 그에 곁들여 먹는 오징어무침, 그리고 통전복주먹밥까지 골고루 사서는 숙소로 돌아와 한 개 집어먹는 순간 직감했다. '아, 이거 쉽게 멈출 수 없겠구나.'

모양은 분명 한국식 김밥인데, 김밥 속을 달걀말이 한 가지 재료로만 채운 건 일본식 마끼에 가깝다. 달걀말이도 우리가 흔히 생각하는 김밥 속 재료의 형태가 아니라 초밥집에서 먹는 일본식 카스테라 달걀말이다. 이 두툼한 달걀말이를 전복의 내장과 참기름으로 간을 낸 밥이 에워싸고 있으니, 요즘말로 '단짠단짠'. 거기에 충무김밥 스타일로 매콤한 오징어무침까지 곁들이면, '맛있다'라는 감탄사가 연달아 터진다. 제주와 충무, 그리고 도쿄가 한 입에서 잘 버무려진 느낌이랄까.

전복김밥과 오징어무침

결국 제주에서 머무는 이틀 동안 세끼 중 두 끼를 전복김밥과 함께했다. 그러고는 서울로 돌아와서 또 만들어 먹고, 그로부터 2주 뒤 다시 제주를 찾았을 때 또 먹었다. 이 정도면 중독이 아닐까 싶은 정도였는데, 확실히 처음 먹었을 때보다 감동은 덜하다. 뭐든 그렇지 않은 게 있을까 싶지마는 너무 자주 먹다보니 조금 질린다. 역시 별미는 가끔 먹는 별식으로 남겨 놓는 게 가장 좋긴 하다.

전복김밥, 전복주먹밥과 오징어무침

Ingredient. (2인 분량)

〔전복김밥과 전복주먹밥〕

구운 김 2장

* 전복내장밥 : 전복내장 2개분, 쌀 2컵, 물 2.5컵, 참기름 3큰술, 깨소금 1큰술

* 달걀말이 : 달걀 3개, 다시마 불린 물 1/2컵, 소금 1/3작은술, 까나리액젓 1작은술, 설탕 1큰술,

맛술 2큰술, 식용유 2큰술

〔오징어무침〕

생물 오징어 1마리, 무 주먹만 한 사이즈(＋ 소금 1작은술), 청양고추 2개, 오징어 데친 물 1큰술,

고추장 2큰술, 고춧가루 1큰술, 매실청 2큰술, 설탕 3큰술, 식초 3큰술, 까나리액젓 1작은술, 참깨 1작은술

Story.

제주에서 전복김밥을 먹으면서 모두가 감탄을 하다가 서울에서 팔면 대박 나겠다고 누군가 선수를 쳤다.

나보고 이 맛을 낼 줄 알면 투자를 하겠다느니 동업을 해보자느니 해서 나는 또 거기에다 대고 이것쯤은 식

은 죽 먹기라고 큰소리를 뻥뻥 쳤다. 사실상 좋은 식재료만 있다면 이 맛을 내는데 무리가 없다 생각해서였

는데 다만 가격은 이 집을 도저히 따라잡을 수가 없어서 우리의 허무맹랑한 전복김밥 프로젝트는 시작도

전에 무산되어버렸다. 그래도 서울에서 종종 이 맛이 그리워지기도 해서 재현해보기로 했다.

Table

Homemade Recipe.

전복김밥에 꼭 곁들이는 것이 바로 오징어무침이다. 매콤달콤한 맛이 전복김밥의 심심한 듯한 맛에 참 잘 어울린다. 오징어무침을 미리 만들어서 냉장고에 넣어두어야 무가 아삭아삭하니 더 맛있을 것 같아서 오징어무침을 먼저 만들기 시작한다. 무는 나박김치에 들어가는 무 정도의 크기로 얇은 은행잎 모양으로 썰어서 소금에 절여둔다. 오징어는 끓는 물에 데쳐서 먹기 좋게 썬다. 나는 오징어가 질긴 것이 싫어서 생물 오징어를 사서 껍질도 벗기고 칼집도 냈다. 너무 많이 삶으면 또 질겨질 수 있으니 하얗게 변하면 바로 건져낸다.

오징어를 삶고 나면 무가 다 절여진다. 절여져서 물이 생긴 무는 손으로 꼭 짜서 물기를 없앤다. 그리고 썰어둔 오징어와 함께 볼에 담는다. 청양고추는 송송 썰어 넣고 고추장, 고춧가루, 매실청, 설탕, 식초, 까나리액젓, 참깨를 넣고 오징어 데친 물도 1큰술 넣어 잘 섞는다. 다른 것들을 준비할 때까지 냉장고에 넣어둔다.

전복은 노량진시장에서 싱싱한 것으로 사온다. 꼭 노량진시장이 아니어도 되지만 어디에서 사든 전복이 반드시 싱싱해야 전복 내장에서 비릿한 냄새가 나지 않고 고소하다. 전복을 솔로 깨끗이 씻고 스테인리스 숟가락으로 전복 살을 떠내듯이 하여 껍질과 분리한다. 내장은 터지지 않도록 따로 떼어낸다. 뾰족한 끄트머리에 있는 전복 이빨은 제거한다. 살은 벌집 모양으로 칼집을 내두고 내장은 한 번 더 흐르는 물에 씻는다. 내장을 칼로 몇 번 다진 후에 믹서기에 물과 전복 내장을 넣고 갈아 전복 내장물을 만든다.

쌀은 미리 30분 정도 불려두었다가 무쇠냄비에 전복 내장물과 함께 넣는다. 다시마 1조각도 함께 넣어 밥을 짓는다. 뚜껑을 닫고 센 불로 끓이다가 김이 나기 시작하면 중약불로 줄인다. 5분 정도 끓이다가 물이 거의 없어지면 불을 끄고 5분간 뜸을 들인다. 냄비 밥은 냄비에 따라, 가스불의 화력에 따라 타이밍이 모두 다르기 때문에 여러 번 해보고 감을 익히는 수밖에 없다. 아직 밥만 지었는데 벌써 조금 피곤하다. 역시 전복김밥은 제주에서 사 먹는 게 가장 좋다고 생각한다. 하지만 일을 벌였으니 오늘은 김밥을 마무리해야 한다.

전복김밥에 들어 있는 단 한 가지의 속 재료인 달걀말이는 일본식으로 아주 부드럽게 만들어야 한다. 평소보다 조금 더 손이 가지만 이렇게 만든 달걀말이는 달걀초밥을 해도 좋고 부드러운 식빵 사이에 끼워 먹어도 아주 훌륭하니까 연습해두면 제법 폼 나는 요리를 몇 개는 더 만들어 낼 수 있게 된다.

물 1컵에 다시마 한 조각을 넣고 15분간 불린다. 물에 다시마 색이 배어나오면 다시마물이 된 것이다. 달걀은 깨뜨려서 볼에 담고 젓가락으로 휘저어 노른자와 흰자를 잘 섞는다. 만들어둔 다시마물 5큰술을 달걀에 넣는다. 소금 한 꼬집과 까나리액젓, 설탕, 맛술도 함께 넣고 잘 섞는다. 여기에 까나리액젓을 넣으면 달걀의 비린 맛도 잡아주고 약간의 감칠맛을 내준다. 미묘한 차이지만 이런 게 바로 숨은 비법이다. 달걀물 섞은 것은 가느다란 체에 서너 번 내려 아주 매끈해지도록 한다. 보기에는 잘 섞인 것 같아도 체에 내리지 않고 구우면 울퉁불퉁 못생긴 달걀말이가 된다. 체에 여러 번 내릴수록 더 예쁜 달걀말이가 되니 너무 성급해지지 말아야 한다.

드디어 구울 차례. 아무래도 일본식 달걀말이 전용팬이 굽기가 좋다. 달걀물을 조금씩 부어가며 돌돌 말아서 달걀말이를 만드는데 절대 센 불이 되지 않도록 항상 중약불을 유지한다. 부들부들한 달걀을 부스러지지 않도록 조심스레 말아가며 통통한 달걀말이를 완성한다. 완성이 된 달걀말이는 뜨거울 때 김발에 말아서 식히면 모양이 잡힌다.

미리 해놓은 전복내장밥에 소금과 참기름, 깨소금을 넣고 비벼서 간을 한다. 구운 김 위에 밥을 올리고 달걀말이를 올려 말아 완성한다. 이왕이면 제주도에서 먹었던 모양과 같게 만들고 싶어서 신경을 썼다. 남은 밥은 남은 달걀말이를 썰어 안에 넣고 동그랗게 주먹밥을 만든 다음 전복살을 구워 위에 올린다. 냉장고에 두었던 오징어무침을 꺼내 곁들인다.

드디어 전복김밥, 전복주먹밥, 오징어무침의 환상적인 트리오가 완성되었다. 모양은 꽤 그럴듯하게 비슷해서 아주 들떴는데 이 한 접시를 완성하기 위해 초토화된 주방을 보니 갑자기 제주도가 그리워진다. 평가는 전복김밥은 확실히 내가 만든 것이 더 맛있고 오징어무침은 제주의 것이 승리! 하지만 오늘의 식재료비는 약 3만 원가량 나왔으니 제주의 전복김밥에 사실상 패배한 기분이 든다. 역시 맛집은 원조가 최고라며 우리는 다음 제주여행을 계획해본다.

성게알전복죽과 멍게

제주에 가면 흑돼지도 좋고, 고등어회도 꼭 먹어야 하고, 갈치조림도 빠뜨리면 아쉽지만 사실 우리 부부가 가장 좋아하는 조합은 성게알전복죽과 멍게 조합이다. 여기에 잘 익은 배추김치와 제주에서만 맛볼 수 있는 한라봉막걸리까지 함께 곁들이면 금상첨화.

제주에는 수많은 전복죽 집이 있지만, 우리는 '좀녀네 집'이란 곳만 찾는다. 맛도 맛이지만 가게가 해안을 바로 마주한 채 자리 잡고 있어 창밖으로 펼쳐지는 푸른 제주 바다를 감상하며 먹을 수 있기 때문. 진짜 이 순간만큼은 코펜하겐이나 교토까지 가서 경험했던 미슐랭 레스토랑들이 부럽지 않다.

성게알전복죽이 메인이긴 하지만 멍게가 빠질 수 없다. 멍게를 떠올릴 때면 어릴 때 유머책에서 접했던 한 이야기가 떠오른다. 정확하진 않지만 대충 이런 내용이다. 세계의 과학자들이 (그날따라 시간이 많이 남았던지) 한자리에 모여 자기 나라에서 먹는 가장 이상한 식재료에 대해서 이야기를 나누기 시작했다. 스웨덴 과학자는 절인 청어를, 중국 과학자는 취두부를, 또 누군가는 두리안을 이야기하며 서로 자기 나라가 제일 이상하다고 뽐내고(?) 있었는데, 한국 과학자의 "당신들 멍게 먹어봤어요?" 라는 한마디에 모두 두 손 두 발 다 들었다는, 조금은 출처가 의심스러운 이야기. 나는 어린 시절을 부산에서 보냈기 때문에 멍게가 그 정도로 희한한 식재료인가 싶었는데, 사실 세계 어디를 다녀봐도 멍게로 만드는 요리는 보지 못한 것 같다. 그래서 아직도 멍게를 볼 때면 그 이야기가 떠오르면서 '아이고 이 맛을 모르는 불쌍한 중생들아.' 하는 동정심이 든다. 멍게야말로 해산물 중의 해산물, 바다의 식재료 중 첫 번째 손에 꼽힐 만한 명품이라고 생각한다. 멍게는 바다의 맛을 품은 것도 아니고, 바다 그 자체다.

Chapter 03

그런데 다 좋은데, 이 집의 단점이 딱 하나 있다. 둘 중 하나는 꼭 음료수를 마셔야 한다는 것. 마음 같아서야 대리 운전을 불러서라도 막걸리를 취하도록 마시고 싶은데, 아무래도 여기까지는 대리기사님이 절대 오실 것 같지 않다. 그래서 자리에 앉아 주문을 하는 순간 서로 눈치를 보기 시작한다. 오늘은 내가 마실까, 네가 운전할래? 아니면 내가 운전할까, 네가 편하게 마실래?

운전하겠다고 나서주는 상대가 이 순간만큼 고마운 때가 없다. 정말 사랑스럽다.

Jeju, Korea

성게알전복죽

Ingredient. (2인 분량)

성게알 12개, 전복 2마리, 쌀 1컵, 참기름 2큰술, 물 5컵, 소금(기호에 따라)

Story.

진득한 성게알전복죽이 어찌나 맛있는지 제주도에 가면 이걸 한 번은 꼭 먹어야 한다. 7~8년 전쯤 우연히 해안가를 달리다가 발견한 집인데 기대 없이 들어갔다가 전복죽이 너무 맛있어서 그 후론 제주도에 갈 때마다 이 집을 찾는다. 친구들과 가족들도 몇 번 데리고 갔었는데 지금까진 실망한 사람이 없었다. 성게알전복죽이 가장 인기 메뉴인데 주문 즉시 전복을 손질하고 압력솥에 죽을 만들기 때문에 30분은 기다려야 한다. 매번 주문을 해놓고 바다에 나가 조금 걷다가 돌아와 멍게 한 접시를 먼저 먹고 있으면 되니 30분이 지루하지 않게 흘러간다. '크리미(creamy)'하다는 표현이 딱 맞을 것 같은 이 성게알전복죽은 한 그릇 다 먹으면 느끼할 것 같지만, 함께 나오는 신김치와 무장아찌랑 먹으면 느끼함은커녕 한 그릇을 더 먹을 수도 있을 것 같다.

Homemade Recipe.

늘 주문을 해놓고 20분 정도는 근처를 산책하고 돌아오다 보니, 이 죽이 만들어지는 과정을 제대로 본 적은 없지만 압력솥에서 김이 끓어오를 때 나는 고소한 냄새로 유추해보건대 재료를 참기름에 살짝 볶은 다음 압력솥에 앉히는 것이 비법이 아닐까 생각한다. 요즘은 집에서 압력밥솥을 사용할 일이 별로 없어서 스튜디오에서 촬영용으로 사용하기 위해 가지고 있는 압력밥솥으로 만들어보기로 한다.

싱싱한 전복은 흐르는 물에서 솔로 닦아내며 깨끗이 씻고 껍질과 분리한다. 내장도 분리해서 따로 곱게 다져두고 살은 편으로 썬다. 쌀은 미리 1시간 정도 불려두었다가 물기를 뺀다. 성게알도 실한 것으로 준비한다. 압력밥솥에 참기름을 넉넉히 두르고 전복내장 다진 것을 넣고 볶는다. 전복 살과 불려놓은 쌀도 함께 넣고 볶는다. 고소한 향을 모든 재료에 코팅한다는 생각으로 골고루 섞어주고 나면 물을 붓고 뚜껑을 닫고 끓이기 시작한다. 센 불로 끓이고 압력추가 움직이기 시작하면 5분, 중약불로 줄여서 10분 더 끓인다. 불을 끄고 5분 동안 뜸을 들인 뒤 압력 추를 젖혀서 김을 빼고 뚜껑을 열면 된다.

마지막으로 뚜껑을 연 채로 중불에 올리고 성게알을 넣어 으깨면서 섞는다. 맛을 보고 소금으로 간을 맞추면 완성이다. 이걸 만든 날에 마침 손님이 찾아와서 여럿이서 나누어 먹었는데 다들 '좀녀네 집'은 안가봤지만 정말 맛있는 전복죽이라고 그릇을 싹 다 비웠다. 솔직히 그 집보다는 크리미한 맛이 덜했는데 성게알 12개로도 부족한 걸 보니 다음 번엔 주문한 후에 만드시는 모습을 처음부터 끝까지 지켜보며 비법을 연구해봐야겠다.

제 주 의 맛 . 03

돔베고기와 고기국수

물에 푹 담가 삶은 수육은 질리지 않는 음식이다. 구워 먹는 것보다 자극적인 맛은 덜하지만,

씹으면 씹을수록 깊은 맛이 우러난다. 그래서 밥 반찬으로 먹기보다는 국수에 넣어 함께 즐기

거나 그냥 그대로 먹는 편을 좋아한다.

차리다 스튜디오 합정점 근처인 상수역에도 제주 음식을 파는 곳이 있다. 처음 방문했을 때가 벌써 3~4년 전이었는데, 그때만 해도 제주 향토 음식에 대한 인식이 그렇게 크지 않았다. 메뉴 중에 돔베고기가 있었고, 제주식 수육이라는 말에 한 판을 시켜서는 나오자마자 몇 번의 젓가락질로 금세 맛있게 먹었던 기억이 있다. '돔베'가 뭔가 싶었더니 도마의 제주 방언이라고. 그래서 돔베고기는 일반 수육과 달리 반드시 도마에 올려져 소금과 함께 나온다.

개인적으로 수육은 새우젓과 먹어야 한다는 주의지만, 소금을 살짝 찍어 먹는 것도 고기 그대로의 풍미를 잘 살려준다. 우리가 꽤 오랜 시간 여행했던 스페인에서도 맛있는 음식은 올리브유와 소금으로만 맛을 낸 것들이었다. 좋은 돔베고기엔 좋은 소금 하나면 충분하다.

돔베고기와 고기국수

Ingredient. (2인 분량)

〔돔베고기〕

오겹살 500g, 된장 3큰술, 양파 2개, 대파 1대, 마늘, 청양고추, 소금

〔고기국수〕

소면 2인분, 다진 마늘 1큰술, 대파 약간, 수육을 끓인 된장육수 한 그릇, 사골육수 한 그릇, 돔베고기,
깨소금 1큰술

Story.

제주도는 흑돼지고기가 최고인 줄 알고 있다가 언젠가 제주도민에게 맛집을 추천 받을 일이 있었는데, 제주는 꼭 흑돼지가 아니더라도 돼지고기 맛이 좋으니 제주 돼지집을 가라는 이야길 들었다. 왜 특별히 제주에서 자란 돼지고기가 맛있냐고 물으니 좋은 환경에서 잘 자랐으니 당연하지 않겠냐는 싱거운 소릴 했는데 듣고 보니 틀린 말은 아니었다.

제주도에서 맛있게 먹었던 음식 중에 하나가 바로 돔베고기다. 도마 위에 무심하게 썰려 소금과 함께 나오는 이 음식은 평소에 먹던 수육과 맛이 아주 다르지는 않다. 그런데 왠지 조금 더 특별한 느낌이 드는 건 '돔베'라고 하는 친숙하지 않은 이름 때문인지, 듣던 대로 제주 돼지고기 맛이 좋아서인지는 아직도 잘 모르겠다.

Homemade Recipe.

껍질까지 붙어있는 오겹살 부위로 살과 지방이 적당히 예쁘게 자리 잡은 고깃덩어리를 준비한다. 물에 된장을 풀고 양파를 깨끗이 씻어 껍질째 반으로 잘라 넣는다. 대파도 큼지막하게 썰어서 넣고 끓인다. 고기 상태가 그리 좋지 않으면 한 번 데쳐서 건져내고 다시 맑은 물에 끓이지만 고기가 싱싱하면 누린내도 없으니 그냥 끓여서 돼지고기향을 즐긴다.

끓인 국물에 국수를 말아서 고기국수도 만들 거라 고기가 익는 사이에 다른 재료를 준비한다. 마늘은 다지고 파는 송송 썬다. 깨는 손절구로 갈아서 깨소금을 만들고, 청양고추와 양파는 생으로 집어 먹기 좋게 썬다. 소면은 끓는 물에 소금을 넣고 삶아서 헹궈 준비해둔다. 고기국수는 된장육수로 한 그릇, 사골육수로 한 그릇 끓여서 맛보려고 시판 사골육수를 하나 사왔다.

고기를 50분에서 한 시간쯤 끓여 잘 익었으면 건져내서 먹기 좋게 썰어 도마 위에 올린다. 썰어놓은 양파와 청양고추, 곁들일 소금도 한편에 올린다. 소면을 1인분씩 면기에 담고 수육을 푸짐하게 올린 다음 한 그릇엔 끓인 사골육수를, 나머지 한 그릇엔 고기 삶은 된장육수를 아주 뜨겁게 해서 붓는다. 다진 마늘, 송송 썬 파, 깨소금만 올려내면 순식간에 고기국수 두 그릇이 완성된다.

사골육수에 말은 것은 담백해서 좋지만 아무래도 된장을 풀어 고기를 끓이고 남은 육수에 말은 것이 진한 돼지고기 향이 난다. 마치 일본식 라멘을 먹는 것 같기도 하다. 국물이 느끼할까봐 걱정했는데 구수하고 아주 맛이 좋아 싹 다 마셔버렸다. 이날 맛있게 먹었던 생각이 나서 그 뒤로 스튜디오에서 스텝밀로 고기국수를 또 해먹었다. (그때는 마지막에 고기 겉면을 한 번씩 구워 불향을 내서 조금 더 라멘에 가깝게 만들었는데 인기가 최고였습니다. 참고하세요!)

문어라면

Ingredient.

문어숙회, 좋아하는 라면, 양파, 고추, 마늘, 파 취향껏

Story.

우리 부부를 기억하는 많은 사람들이 불운의 역작(!) 《피렌체 테이블》보다는 2013년의 SBS스페셜 〈1일 1식, 밥심 VS 공복력〉 편 때문이라고 이야기한다. 당시 공전의 베스트셀러였던 《1일1식》 책을 펴낸 출판사에서 한국판 레시피북을 차리다에 의뢰했고, 그 인연으로 방송국에서 연락이 왔다. 그래서 해당 편의 가장 하이라이트(라고 믿고 있는) 초반 15분이 1일1식 혹은 '소식(小食)'을 한다는 우리 부부 이야기에 할애됐다. 방송 자체가 당시 큰 화제가 됐던 데다, 다음날 네이버 모바일 메인 페이지에도 소개되면서 방송과 포털 사이트의 위력을 새삼 실감했는데, 무려 악플이 500개나 달렸다. 그래도 무플보다는 악플이지, 하고 생각하니 위안이 되더라.

문어라면 이야기에서 뜬금없이 웬 SBS스페셜이 나오냐고 하겠지만, 실은 깊은 인연이 있다. 우리 방송이 끝나고 불과 2주 뒤 같은 방송에 〈적게 벌고 더 잘 사는 법〉이라는 주제로 제주의 한 바닷가에 작은 가게를 내고 문어라면을 파는 사장님의 이야기가 소개된 것이다. 사실 개인적으로는 우리 방송분보다 이게 더 재밌었는데, 가게 바로 앞 바다에서 문어를 잡아 그대로 손님들에게 내놓는다는 이야기가 무척이나 아름답게 느껴졌다. 그 뒤 몇 번이고 제주에 갈 때마다 이 집을 일부러 찾았지만, 사람이 너무 많거나 문을 닫았거나

해서 늘 아쉬운 발길을 돌렸다. 제주에서는 한 번도 먹어보지 못한 문어라면이 우리에게는 지극히 제주 음식으로 기억되는 역설적인 이유가 여기에 있다.

맛있는 문어라면은 싱싱한 문어 한 마리면 된다. 그냥 끝. 하지만 생각보다 싱싱한 문어가 엄청 비싸다. 도시에서 혼자 문어라면을 만들어 먹겠다고 하면, 지나치게 고가의 음식이 되니(한 그릇에 5만 원 정도 되겠다.), 누군가를 축하하고 싶은 좋은 날 문어라면을 함께 즐기면 딱일 것 같다. 그렇다고 부모님 환갑날에 내놓을 수는 없으니, 문어라면은 여전히 역설적인 음식이라 할 수 있겠다.

몇 년 전에 문어라면을 촬영하러 제주도에 간 적이 있다. 바다를 보면서 먹는 문어라면집으로 유명한 이곳은 우리 부모님 정도 연세의 내외분이 운영하시는 곳이었다. 은퇴 후에 제2의 인생을 위해 제주에 정착하시게 되면서 작은 가게를 열게 되셨는데 젊은 사람들 사이에서 문어라면으로 유명해져서 촬영까지 하게 되셨다고 했다. 촬영을 다 마치고 문어숙회와 문어라면을 끓여주셔서 나도 그때 처음으로 유명한 문어라면 맛을 보았다. 엄마가 가끔 문어를 삶은 물에 무를 넣고 끓여주시던 국물 맛이 정말 끝내주게 맛있어서 그런 것을 살짝 기대했는데 사실 문어 맛이 나는 것도 아니고 그냥 '문어가 조금 들어 있는 라면'일 뿐이어서 조금 실망했지만 몇백 번은 끓여냈을 찌그러진 양은냄비에 담긴 비주얼하며, 바다를 바라보며 먹는 그 맛은 또 잊을 수가 없다.

주인 내외분도 문어 숙회를 더 권하시며 말씀하시기를 젊은 사람들이 제주도에 놀러 와서 맛집이라고 찾아는 오는데 막상 문어 숙회는 비싸서 사 먹지를 못하고 대신 저렴한 문어라면으로 기분만 내는 것이라고 하셨다. 그래도 창밖의 바다를 안주 삼아 막걸리 한잔하면 그것만큼 젊은 날의 추억도 없지 않겠냐고, 이 다음에 문어숙회 사 먹고도 남을 만큼 돈 잘 벌면 그때는 문어라면 맛을 추억하며 또 그리워질걸? 하시며 허허 웃으시는데 두 분이 참 행복해 보였다.

문어라면이야 평소엔 해 먹을 일도, 해 먹을 이유도 딱히 없는 메뉴지만 그래도 우리 스튜디오 식구들이랑 문어 한 마리 사서 먹는 김에 문어라면도 끓여보았다.

문어숙회를 일단 먹기 좋게 잘 썰어서 접시에 담는데 이때 다리 끄트머리 부분과 몸통 부분의 일부 중 덜 예쁘게 썰
린 몇 조각을 따로 모아둔다. 먹고 싶은 라면을 준비해서 끓이다가 문어를 넣으면 된다. 양파, 고추, 마늘, 파 같은 것
을 넣어도 좋다. 아 참, 양은냄비를 꼭 준비한다. 라면은 자고로 양은냄비에 끓여서 뚜껑에 덜어 먹어야 기분이 난다.
그리고 가장 중요한 것, 좋아하는 사람들과 다 같이 웃고 떠들며 나누어 먹는다.

회국수

Ingredient. (2인 분량)

메밀면 2인분, 상추 3장, 회 많이, 오이 1/2개, 양파 1/2개, 당근 1/3개, 소금 1작은술, 설탕 1/2큰술,
얼린 냉면육수 1개, 고추냉이 조금, 레몬 슬라이스 3~4개, 신선초 잎 조금
* 양념장 : 고추장 3큰술, 식초 4큰술, 고춧가루 1큰술, 간장 1큰술, 설탕 2큰술, 매실청 2큰술, 참깨 1큰술,
다진 마늘 1큰술, 참기름 2큰술

Story.

싱싱한 회는 사실 그냥 먹는 게 가장 맛있다. 뭘 더 첨가하거나 덧붙일 필요가 없다. 초고추장이나 간장에
생 고추냉이만 있으면 맛있게 먹을 수 있으니 이것만큼 간편한 것도 없다.

그래도 가끔은 회로 만든 별미가 땡길 때가 있는데, 그때 생각나는 1순위가 물회이고, 2순위가 회국수이다.
흔히들 편하게 즐기는 회덮밥은 선택의 여지가 전혀 없을 때 몇 번 먹은 적은 있지만, 일부러 돈 주고 사먹
어야 하는 음식이라 생각해본 적은 한 번도 없다. 밥이 따뜻한 것도 회의 맛을 해치지만, 아무리 조심한다
고 해도 이리저리 휘젓다 보면 회가 뭉개진다. 회덮밥 시켜놓고 회만 먹고 싶다는 유혹에 빠지는 이유다.

그에 반해 신선한 채소를 가득 올려 먹는 회국수는 언제 먹어도 별미다. 특히 무더운 여름에 젓가락 한 가
득 싱싱한 회와 차갑게 식힌 국수, 그리고 잘 버무려진 채소들을 골고루 쌓아 먹으면 그만한 즐거움도 없
다. 서울에서 먹어도 이렇게 맛있는데, 제주까지 가서 먹는 회국수라면 뭐….

십여 년 전, 처음 제주 공항에 도착하자마자 곧장 식당으로 가서 먹은 첫 제주도 음식이 회국수다. 이름만
들어도 제주도 맛집일 것 같은 '해녀촌'이라는 곳에서 처음 맛보았던 회국수는 내 기억으로는 완벽한 제주

의 맛이었다. 생각해보면 회덮밥에서 밥을 국수로만 바꾼 맛인데 제주에 왔다는 기분 탓이었는지 입에 착

착 감기고 아주 맛있게 먹었던 기억이 난다. 그 뒤로 회국수를 몇 번 더 먹었지만 늘 부족하다 느껴지는 회

의 양 때문에 아쉬웠는데 생각난 김에 회를 아주 푸짐히 준비해서 회국수를 만들어보았다.

Homemade Recipe.

보통은 중면으로 만든 회국수가 일반적이지만 종종 메밀면으로 만드는 집이 있는데 개인적으로는 메밀면

을 조금 더 선호하는 편이다. 면은 삶아 찬물에 헹궈서 전분기를 최대한 빼고 얼음과 함께 채반에서 식혀

둔다. 오이, 양파, 당근은 얇게 썰어서 소금, 설탕에 15~20분쯤 절인다. 그 사이에 고추장, 식초, 고춧가루,

간장, 설탕, 매실청, 참깨, 다진 마늘, 참기름을 넣어 양념장을 만든다. 상추도 썰고 신선초 잎은 모양내기

용으로 한 잎씩 떼어서 준비한다.

Jeju, Korea

제주의 회국수에 대한 한(?)을 풀어보고자 널찍한 접시를 준비한다. 면을 동그랗게 말아서 몇 덩어리 올리고 사이사이에 썰어둔 상추와 절인 채소를 올린다. 그리고 말아놓은 면 위에 양념장을 뿌린다. 이제 그 위로 회를 예쁘게 올린다. 마치 횟집에서 무채 위에 가지런히 올려 담아 나오는 회 한 접시의 모양으로 그렇게 회국수인지 회인지 모를 플레이팅을 완성해나간다. 레몬 슬라이스도 중간 중간 놓고 신선초 잎으로 장식도 해준다. 고추냉이도 한편에 놓는데 면을 비비기 전에 회에 고추냉이를 올려 몇 점 먼저 맛보는 용이다. 마지막으로 얼려놓은 냉면육수를 부숴서 면 사이사이에 붓는다.

이걸 만들어놓고 보니 누군가 제주에 이런 회국숫집을 열어도 좋겠다는 생각이 든다. 플레이팅만 봐도 푸짐하고 먹음직스러운 데다 회만으로 배를 채우는 것보다 가격도 저렴할 테니 문어라면처럼 젊은이들 사이에서 제주의 새로운 별미로 떠오르게 될지도 모를 일이다.

Carrot Cake

당근케이크

당근이 몸에 좋다는 건 주지의 사실이지만, 당근을 싫어하는 사람이 많다는 것도 부정할 수 없다. 지금도 그렇고 예전에도 그랬고, 당근을 즐겨 먹은 기억은 별로 없다. 어릴 땐 (누구나 비슷했을 것 같은데) 엄마가 만들어주시는 카레 속에서 빨간 얼굴을 삐죽 내밀고 있는 당근을 늘 접시 가장자리로 몰아넣곤 했다. 카레랑 같이 먹어야 그나마 당근 맛이 상쇄될 텐데, 밥을 다 먹은 뒤에 엄마 눈치를 보며 당근만 먹으려니 더 고역일 수밖에. 어른이 되면 좀 나아질 줄 알았는데, 버섯이나 가지와 달리 당근만은 그렇게 즐겁게 손이 가질 않았다.

그런데 제주에서 처음 먹어본 당근케이크만은 예외였다. 입속에서 분명히 그 존재가 인식될 정도로 당근이 씹히는 데도 계속 계속 손이 갔다. 이렇게 먹으면 하루에 당근을 몇 개라도 먹을 수 있겠구나 싶었는데, 나처럼 느끼는 사람이 많았는지 제주의 당근케이크집은 항상 일찍 문을 닫았다. 매일 준비해놓는 수량이 금세 동이 나는 것이다. 이럴 바엔 집에서 만들어 먹자, 그런 마음으로 당근을 보기 좋게 썰고 있다.

Carrot Cake

당근케이크

Ingredient. (구겔호프팬 2개 분량)

당근 350g (큰 것 1개), 다진 견과류(호두, 아몬드 등) 1/2컵, 카놀라유 1컵, 설탕 8큰술, 달걀 3개,

박력분 260g, 베이킹파우더 1작은술, 소금 1작은술, 계피가루 2작은술, 크림치즈 6큰술(약 150g)

* 굽는 시간 : 180도에서 20분 → 140도에서 10분

Story.

제주당근이 더 달고 맛있다는 것이 알려지면서 제주당근주스와 당근케이크도 날로 더 인기가 높아지는 것 같다. 당근케이크는 옛날부터 있었던 것인데 최근에 왜 갑자기 인기가 많아졌는지는 모르지만 그 인기에 휩쓸려 나 역시 당근케이크를 다시 한번 주목하고 있는 것은 사실이다. 어릴 때 엄마가 오븐을 구입하신 후로 당근케이크를 하도 자주 만들어주셔서 원래 다들 과자 대신 당근케이크를 늘상 먹고 자라는 줄 알았는데 제주에서는 몇 년 전부터 당근케이크집에 줄을 서서 먹을 정도로 인기라고 한다.

제주도에 당근케이크 맛집이 있다는 소식을 듣고 처음 가본 게 아마 8년 전쯤인 것 같다. '하우스 레시피'라는 작은 당근케이크집인데 크림치즈를 넣는 게 조금 특이하다면 특이할 뿐 모양도 평범한 당근케이크였다. 그런데 이게 신기한 게 한 번 먹어본 이 담담한 맛이 옛날에 엄마가 해주던 그 맛처럼 종종 생각이 나서 제주도에 올 때마다 숙소에 가는 길에 들러 하나씩은 사서 가게 되는 것이다. 어느 날은 오후 한두 시쯤 가도 당근케이크가 다 팔리고 없어서 가게 문이 이미 닫혀 있었다. 몇 번을 허탕치고 실망하던 그 무렵 당근케이크가 먹고 싶어서 서울로 돌아와 만들어봤다가. 이제는 쿠킹 클래스에서도 만들고 케이터링에서도 인기 메뉴가 되었다. 이 당근케이크는 요즘도 자주 만들어서 우리도 먹고 손님에게도 내놓는다.

Table

Homemade Recipe.

나는 주로 컵케이크 형태로 만들어서 크림치즈를 위에 장식으로 올린 뒤 당근 모양 크림으로 포인트를 주지만 오늘은 특별히 '하우스 레시피 스타일'로 크림치즈를 안에 넣고 구겔호프팬에 구워보기로 한다.

견과류는 굵게 다지고 당근 큰 것 한 개는 대충 썰어둔다. 이렇게 썰어놓은 당근을 믹서기에 넣고 카놀라 유와 설탕, 달걀을 넣고 1~2초간 서너 번만 갈아서 당근이 적당히 갈리고(당근이 너무 갈아져서 주스가 되면 안 돼요!) 계란이 섞이면 볼에 옮겨 담아 박력분과 베이킹파우더, 소금, 계피가루를 체에 쳐서 넣고 골고루 섞는다. 이렇게 하면 벌써 반죽이 완성된 것인데 쿠킹 클래스를 할 때도 수강생분들이 바로 이 부분에서 매우 열광한다. 누구나 당장 쉽게 만들 수 있을 것 같기 때문이다. 나 역시 당근케이크를 아무리 좋아해도 만들기가 번거로웠다면 몇 번 만들고는 더 이상 만들지 않았을지도 모른다.

구겔호프팬의 안쪽에 식용류를 묻힌 키친타월을 이용해서 기름을 골고루 바른다. 다져놓은 견과류를 아래쪽에 깔리도록 넣고 나머지는 반죽에 넣어 섞는다. 반죽을 팬의 5분의 1정도 높이로 붓고 크림치즈를 숟가락으로 떠서 듬성듬성 올린다. 그 위로 나머지 반죽을 팬에 80퍼센트만 차도록 붓는다. 반죽이 잘 펴지도록 싱크대 위에 행주를 깔고 팬을 두세 번 탁탁 내려친다.

180도로 미리 예열해놓은 오븐에 케이크틀을 넣고 20분간 굽는다. 작은 사이즈의 컵케이크틀에 구웠다면 20분이면 충분하지만 구겔호프팬은 사이즈가 커서 안쪽까지 익히려면 오븐 온도를 140도로 내리고 10분 더 구워야 완성된다. 불을 중간에 내려주는 이유는 겉면이 타지 않도록 하기 위한 것인데 온도나 시간은 오븐마다 조금씩 차이가 있으니 여러 번 만들어보고 본인의 오븐에 맞는 시간을 찾아야 한다.

이렇게 만든 당근케이크는 따뜻할 때 썰어서 호호 불며 먹어도 맛있고 완전히 식혀서 냉장고에 두었다가 커피 마실 때 한 조각씩 썰어 먹어도 맛있다. 얼마 전에 또 텔레비전에 당근케이크 맛집이 소개됐다고 하길래 제주에 간 김에 찾아가봤더니 모양도 맛도 뭔가 세련된 느낌이었다. 맛이 있긴 했지만 난 여전히 엄마 스타일로 만든 담담한 맛의 당근케이크가 진짜 당근케이크라 생각한다.

Chian
Tha

Traveler's Table.

g Mai,

land

치앙마이, 태국

우리의 식탁

-

돼지고기 레몬그라스 꼬치구이

쏨땀

태국식 닭구이 가이양

똠얌꿍과 똠얌꿍스파게티

팟타이

모닝글로리볶음

얌운센

푸팟퐁커리

땡모반

Trav
Chiang Mai, Thailand

Chapter 04

이번 여행의 콘셉트는 일종의 '격리'였다. 우리를 둘러싸고 있는 모든 일상으로부터의 분리.

그동안 우리는 외국 어디를 가도 많이 걷고, 많이 보고, 또 많이 먹고 경험하는 쪽을 택했는데

언제부터인가 자연 속으로 숨어 들어가 온전한 휴식을 취할 수 있는 곳을 선호하게 됐다.

서울에서의 일상이 그만큼 팍팍해졌다는 뜻일 수도, 우리가 너무 많은 경험에 노출되어

있다는 뜻일 수도 있다. 그저 잠잠한 곳에서, 아무런 생각도 하지 않고, 광고주에게

시안을 독촉받는 일도, 밀린 돈을 받기 위해 세금계산서를 발행할 일도 없는 곳에서의

평온한 시간들에 몸을 맡기고 싶었다.

그래서 치앙마이에서는 조금 무리가 되긴 했지만(사실은 많이…)

그곳에서 가장 좋은 리조트에 머물렀다. 신혼여행으로 하와이에

가서도 싼 방을 찾느라 콘도미니엄에 머물렀던(물론 예약할 때는

방이 싸다고만 생각했지 호텔이 아닌 콘도미니엄일 줄은 몰랐다.)

우리 부부에게는 결혼 5년 만에 갖는 첫 번째 호사.

아주 좋은 꿈을 꾸는 것처럼 느리게만 흘러갔던 치앙마이에서의 일주일.

아름답고 따뜻한 시간들이 아주 느리게 흘러간다.

리조트 내에는 계단식 논이 아름답게 가꾸어져 있고, 야외 수영장이 그 사이에 조용히 자리

잡고 있다. 작은 수영장을 독차지한 채 잔잔히 물결치는 강을 보며 수영을 하고 있자니 마치

전혀 다른 세상에 들어와 있는 기분이 들었다. "아, 정말 좋다!" 하는 감탄이 멈추질 않는다.

몇 년에 가끔 한 번씩은 이런 꿈같은 머무름도 좋겠지, 하는 생각.

맛있게 먹어둬야지. 언제 또 올 수 있을지 모르니.

Chiang Mai, Thailand

허수아비와 장난을 치거나

생전 처음 요가란 걸 해보거나

가벼운 차림으로 숲길을 걷거나

Chiang Mai, Thailand

욕조에 몸을 담그고 구스미 마사유키가 쓴 《낮은 목욕탕과 술》을 읽으며
시원한 맥주 한 잔을 상상하는 일이 전부인 이곳.

물론 그중에서 우리가 가장 애정하는 일은 수영장에서 느긋이 시간을 보내는 것.

          Chiang Mai, Thailand

하루에 한 번 직원들로 보이는 사람들이 일렬로 걸어서

리조트 안을 지나간다. 마치 무슨 의식처럼 보이는데,

서양에서 온 아이들은 이들이 마냥 신기한지 가만히 서서는

손을 모으고 "사와디 카." 하고 인사를 건넨다.

그러고 보면 태국에서는 유독 인사를 나누는 일이 자연스럽다.

일본의 친절이 다소 학습화된 것처럼 보인다면, 태국의 인사인

'사와디 카(안녕하세요).' 혹은 "커쿤 카(감사합니다)."는

몸에 밴 듯한 자연스러움이 있다.

그래서 우리도 태국에 머물 때면 언제라도 손을 모을 준비를

하고 다닌다. 어떨 때는 긴장되기까지 하는데, 언제 어디서

인사를 하며 다가오는 사람이 있을지 모르니

늘 사방을 잘 살피며 걸어야 한다.

해가 뉘엿뉘엿 지기 시작하면, 누군가가 햇불을 들고 다니며
석유 심지에 불을 붙인다. 그러면 옛날 시골 냄새가 난다.

그래도 반나절 정도는 치앙마이 시내 구경을 하는 것도 나쁘지 않겠지?

Chiang Mai, Thailand

도시로 돌아오니 벌써 정신이 혼미해지는 기분.

치앙마이에서는 요즘 한국식 빙수(bingsu)가 인기다.
어쩜 이렇게 앙증맞은지. 메뉴 스타일링 누가 했나요?

Chiang Mai, Thailand

배는 고파도 장난기는 멈추지 않는다. 일단 맥주부터 마시고 있자.

우리가 묵은 리조트는 시내와 철저하게 격리된 곳이었다. 식사를 해결할 수 있는 방법은

오직 리조트 내의 식당들을 이용하는 것뿐이다. 물가가 싼 곳이라 대수롭지 않게 생각했는데,

첫날 이탈리안 레스토랑에 가서 메뉴판의 가격을 보는 순간 정말로 뒷목이 뻐근해왔다.

잘못 본 건가 싶어 몇 번이고 머릿속으로 금액을 환산해봤는데, 역시 처음의 계산은 틀리지

않았다. 동남아에서는 이것저것 골고루 푸짐하게 시켜서 맥주며 와인이며 실컷 먹어도

한국의 절반 내지는 그 이하로 먹을 수 있다고 그동안의 경험으로 막연하게 학습하고

있었는데, 여기가 리조트라는 걸 깜빡했다. 갑자기 앞으로 남은 며칠간

뭘 먹어야 할지 아득해졌다. 마트에서 컵라면이라도 잔뜩 사왔어야 했는데….

그렇게 어깨를 잔뜩 움츠린 채 리조트에서 며칠을 보내다 우연히 이곳에 쿠킹 클래스가

있다는 정보를 입수하게 됐다. 쿠킹 클래스라면 자다가도 번쩍 눈이 뜨이는 우리 부부는

다른 건 아끼더라도 이것만큼은 과감하게 지출해보기로 합의.

이 클래스는 진지하게 강의나 실습을 진행하는 건 아니고, 식당의 각 메뉴 코너에서 셰프의
설명을 들으며 가볍게 요리를 따라해볼 수 있는 프로그램이었다. 그렇게 만들어진 음식은
각자의 자리로 돌아와 자유롭게 먹고, 또 다른 코너에 가서 새로운 음식을 만들어보면 된다.
비교적 간단하면서도 기분은 기분대로 낼 수 있다. 더군다나 태국의 향신료도 마음껏
써볼 수 있고, 장난기 많은 셰프와 직접 몇 마디 이야기도 나눠볼 수 있다. 이게 의외로
재밌다! 시간(보다는 돈)이 허락한다면 매 끼니를 여기서 해 먹어도 좋겠다는 생각이 들었다.

클래스를 모두 마치고 돌아갈 때는 오늘 만들었던 요리들의 레시피를 프린트한 종이를
하나씩 나누어준다. 우리는 눈빛을 교환하며 '남은 음식도 좀 싸가고 싶은데…'
하는 아쉬운 표정을 지었지만, 집에 가서 실컷 만들어 먹어보자 결심했다.
재료만 있으면 어렵지 않을 것 같다.

Chiang Mai, Thailand

Thai Satay

타이 사테

Chiang Mai, Thailand

사테^{Satay}를 인터넷에서 검색해보면 '한입 크기로 썬 고기를 나무 꼬치에 꿰어 구워 먹는 인도네시아의 전통 요리'라고 되어 있다. 이렇게 먹는 방식이야 각 나라별로 다양하게 존재하지만 '사테'라고 불리는 명칭은 정확히는 인도네시아의 꼬치 요리를 일컫는 모양이다. 동남아 어디를 가도 꼬치 요리는 보통 사테로 통하니 태국에서 먹은 건 '타이 사테'라고 일단 통칭하자.

꼬치 요리와 관련한 추억은 아무래도 일본에서 기인한 것이 많다. 도쿄에서 유학하던 시절 야키토리, 우리식으로는 닭꼬치를 즐겨 먹었는데 그중에서도 키치조지에 있는 '이세야'라는 가게는 내가 한 달에 두세 번은 꼭 찾아가는 곳이었다. 거의 100년에 가까운 전통을 자랑하는 꼬치집인 데다 야키토리 좀 먹는다는 사람들 사이에서는 원체 유명한 곳이라, 이곳에 들를 때면 각 부위별로 메뉴를 골고루 시킨 다음 양념구이(타레) 혹은 소금구이(시오)로 기분에 따라 즐겨 먹곤 했다. 꼬치의 개당 가격도 80~120엔 정도로 무척 저렴했다. 여기에 나마비루(생맥주) 한 잔이면 다 합쳐도 대개 1000엔이 넘지 않았으니 가난한 유학생에게는 이만한 호사가 없었던 셈이다.

키치조지의 이세야.

이번 여행의 태국식 꼬치구이.

Table

이 가게의 오래된 역사를 생각해봤을 때 분명 이상(李箱) 같은 일제강점기의 일본 유학 지식인들이 찾았을 법한 곳이라(실제로 가게도 정말 허름한 분위기였다.), 거기에 앉아서 맥주 한 잔을 홀로 들이켜고 있으면 가끔씩 과거의 그들과 대화를 나누는 기분이 들곤 했다. 음식은 분위기가 반이라, 그곳에서 만큼은 취하지 않을 도리가 없었다.

결혼하고도 몇 번이고 다시 '이세야'를 찾았다. 한 번은 공사 중이라 못 갔고, 한 번은 공사가 끝난 뒤라 다행히 들어갈 수 있었는데 그 사이 굉장히 현대적인 느낌으로 (마치 강남역에 즐비한 이자카야 같은 느낌으로) 완전히 분위기가 변해 있어 당황했던 기억이 있다. 그래도 조심스레 가게 문을 열고 들어가 옛날과 똑같은 방식으로 메뉴를 시키고 즐겁게 꼬치를 한 입 깨물었는데, 그 순간 '아 모든 것이 변했구나.'라고 느꼈다. 음식은 역시 분위기가 반이다.

이래서 잘되는 옛 가게들은 인테리어 공사에 신중에 또 신중을 기해야 한다.

Pork on Lemongrass Skewers

돼지고기 레몬그라스 꼬치구이

Ingredient. (2인 분량)

레몬그라스 5개, 돼지고기 다진 것 200g, 피시소스 1큰술, 호이신소스 1/2큰술, 설탕 1/2큰술, 후추 약간, 크러시드페퍼 약간(기호에 따라), 다진 땅콩, 고수, 라임, 타이칠리소스 약간씩

Story.

사실 이 메뉴를 베트남 편에 넣을지 태국 편에 넣을지 좀 고민했다. 동남아시아를 여행하면서 우리 부부가 고수 다음으로 좋아하게 된 향신채가 바로 레몬그라스다. 레몬그라스에 고기를 뭉쳐 구워내 그 향이 흠뻑 배어 있는 이 음식을 우리는 정말 좋아해서, 이번 책에 넣으려고 보니 이 음식이 베트남에서도, 태국에서도 자주 보였던 것이다. 어디가 먼저였을지는 모르겠지만, 레몬그라스가 동남아시아에서 두루 사용되는 향신 채다 보니 지역은 달라도 서로 비슷비슷하게 해 먹게 된 것이 아닌가 하는 생각을 하며 그래도 레몬그라스 하면 (생각나는 대표적인 메뉴로) 똠얌꿍도 있고 하니 왠지 태국의 향처럼 느껴져 태국 편에 넣기로 했다.

레몬그라스만 있다면 세상에 이렇게 쉬운 요리가 없는데, 이게 완성해놓았을 때 좀 '있어 보이기'까지 한다. 요즘 부쩍 친구들을 초대하고 싶어서 나만의 코스 요리인 '김은아 오마카세'를 구상 중인데 거기에도 이 메뉴는 꼭 넣을 생각이다.

Homemade Recipe.

먼저 레몬그라스는 깨끗이 씻어 양 끝에 시든 부분만 조금 잘라낸다. 다진 돼지고기에는 호이신소스, 피시소스, 설탕, 후추, 크러시드페퍼를 넣고 잘 치댄다. 오븐을 180도로 예열하는 동안 레몬그라스에 양념한 돼지고기를 긴 소시지 모양으로 뭉쳐 안 떨어지게 붙인다. 그러고 나서 예열된 오븐에 넣고 20분간 구우면 완성!

플레이팅을 할 때는 무심한 듯 도마 위에 꼬치를 올리고 고수잎과 라임 몇 조각을 옆에 둔다. 다진 땅콩을 꼬치 위에 조금 뿌리고 타이칠리소스가 있다면 옆에 살짝 곁들여서 기호에 따라 찍어 먹을 수 있도록 한다. 이미 고기에 간이 다 되어 있어서 그냥 먹어도 충분하지만 조금은 허세 같은 데코레이션으로 눈으로 한 번 먹고 입으로 또 한 번 느끼는 게 진정한 미식의 세계가 아닌가.

Som Tam

쏨땀

개인적으로 샐러드를 일부러 챙겨 먹는 타입은 아닌데, 이상하게 그린파파야를 베이스로 만든 태국식 샐러드 쏨땀만은 자주 생각이 난다. 그린파파야는 우리나라에서 구하기가 쉽지 않지만, 신선한 파파야로 그 자리에서 바로 만든 쏨땀은 정말 여름 별미 중의 별미다. 콩국수처럼 여름만 되면 저절로 쏨땀 생각이 깊어지는데, 일 년 내내 무더운 태국에서 쏨땀만큼 무더위를 식혀줄 만한 음식도 없을 것이다.

땀은 땀인데, 가장 시원한 땀은 뭘까? 답은 쏨땀. 십수 년 전이라면 이런 유머도 유행했을 법한데… 슬프게도 이젠 이 모든 게 아재개그로 불리고 있다. 아무튼….

Table

푸켓에 스튜디오 식구들과 다 같이 워크샵을 가서 쿠킹 클래스를 들은 적이 있었다. 똠얌꿍, 팟타이, 쏨땀을 만들었는데 셋 중에 가장 기억에 남는 것이 바로 쏨땀이었다. 무슨 무생채 같이 생긴 샐러드를 만드는데 엄청 큰 절구를 조리대 위에 하나씩 주는 게 아닌가. 마늘이나 고춧가루 같은 걸 직접 갈아서 양념에 넣는가보다 생각하고 있었는데 쏨땀 재료를 모두 절구에 넣고 처음부터 끝까지 절구에서 요리를 완성하는 것이었다. 그 당시에는 이게 정말 파격적이고 신선해서, 나는 이 절구를 어떻게든 구해서 서울로 돌아가 쏨땀 쿠킹 클래스를 하겠노라 결심을 하고 도매 주방용품점 같은 곳을 찾아 기어코 이 무거운 절구를 사가지고 돌아왔다.

그렇게 돌아온 바로 다음 달에 쏨땀 클래스를 열었는데, 역시나 많은 수강생분들이 이 낯선 광경을 무척 신기해하고 재미있어 했다. 그 이후로 이 쏨땀 절구를 사용할 일이 거의 없었지만, 서울의 무더위가 시작되는 계절이 오면 태국의 길거리 포장마차에서 먹던 쏨땀이 문득 생각나서 먼지 쌓인 절구를 꺼내 닦는다.

쏨땀은 두 가지 버전의 레시피를 소개하려고 한다.

첫 번째는 오리지널 스타일, 두 번째는 있는 재료와 있는 조리도구로 간단하게 해먹는 스타일.

두 가지 버전 모두 맛이 좋으니, 조금 더 마음이 가는 쪽으로 만들어보시기를.

Som Tam_Original ver.

쏨땀_오리지널 버전

Ingredient. (2인 분량)

그린파파야 1개, 방울토마토 7개, 마늘 1쪽, 마른 고추 2개, 땅콩 2큰술, 말린 보리새우 2큰술,
껍질콩 5개(또는 롱빈 2개), 피시소스 2큰술, 설탕 2큰술(또는 팜슈가 2큰술), 라임즙 1개분

Story.

쏨땀은 참 간단한 음식이면서도 서울에서 제대로 해 먹기에는 조금 어려운 음식이다. 쏨땀 전용 절구도 있
어야 하지만 쏨땀의 주재료인 그린파파야를 구하는 것부터가 쉽지가 않다. 우리 부부는 이태원 근처에 살
고 있어서 특이한 식재료도 대부분 쉽게 구하곤 하는데, 그린파파야는 미리 주문하지 않으면 구하기가 어
렵다. 인터넷으로도 구매할 수 있는 곳이 있지만 판매 단위가 크다 보니 한번 주문하면 마음먹고 대량으로
만들어 여기저기 한 접시씩 나누어주어야 한다. 이렇게 쏨땀의 재료와 조리도구를 준비하기까지는 쉽지가
않은데 막상 본격적으로 요리에 들어가면 크게 어렵지는 않다.

Homemade Recipe.

먼저 그린파파야의 껍질을 벗기고 안쪽의 씨를 제거한다. 김장할 때 무를 채 썰듯이 파파야를 가늘게 채 썬다. 껍질콩은 3센티미터 정도의 사이즈로 썰고, 방울토마토는 반으로 썬다.

이제 본격적으로 절구질을 시작한다. 절구에 마늘 한 톨과 마른 고추를 넣고 빻는다. 마늘이 모두 으깨질 정도로 곱게 빻은 다음, 썰어둔 껍질콩과 말린 보리새우, 땅콩을 넣고 빻는다. 모든 재료를 으깨고 부수어서 맛을 전체적으로 어우러지게 한다는 생각으로 절구질을 하며 재료를 잘 섞어준다.여기에 아까 썰어둔 방울토마토와 피시소스, 설탕, 라임즙을 넣고 방울토마토가 으깨져서 토마토즙이 다 나올 때까지 찧고 또 찧는다. 맛있는 맛이 쏟아져 나와 흥건해진 양념이 바로 드레싱이 되는 셈이다.

이제 썰어둔 그린파파야를 절구에 넣고 왼손에는 숟가락, 오른손에는 절구 방망이를 들고 리듬을 타면서
오른손으로 찧고 왼손으로 모아서 섞는 과정을 반복한다. 태국 노점상의 쏨땀 사장님들은 이 스킬이 정말
대단한데 정말 빠르게 이 동작을 반복해서 순식간에 쏨땀을 완성해낸다. 나는 그 정도까지는 아니지만 그
린파파야에 드레싱 맛이 골고루 배어들 수 있도록 한참을 반복하며 섞어준다.

재료가 잘 섞였다 싶으면 접시에 모조리 쏟아 담으면 된다. 시원하게 냉장고에 넣어두었다가 먹으면 더
욱 아삭아삭하고 맛이 좋지만, 막 완성된 미지근한 쏨땀의 맛이 좀 더 현지의 노점상에서 먹는 느낌과 비
슷하다.

Chiang Mai, Thailand

Som Tam_ Seoul ver.

쏨땀_서울 버전

Ingredient. (2인 분량)
옐로파파야 1개, 미니당근 1개, 쪽파 1대, 샬롯 1개, 토마토 1개, 마늘 1톨, 마른 보리새우 1큰술, 땅콩 2큰술, 라임즙 1개분, 피시소스 2큰술, 건고추 2개, 설탕 1과 1/2큰술

Story.

그린파파야 대신 비교적 쉽게 구할 수 있는 옐로파파야(보통 마트에서 파는 파파야로 겉은 녹색이고 속은 노란색이다.)로 쏨땀을 만들어보았다. 옐로파파야는 그린파파야보다 과즙이 풍부하고 달콤해서 절구가 없어도 잘 버무려지고 쉽게 만들 수 있다. 여기에 들어가는 부재료는 오리지널 버전과 똑같이 해도 무방한데 이날은 마침 집에 미니당근과 쪽파, 샬롯이 있어서 함께 넣었다. 어떤 요리든지 부재료는 조금 자유롭게 사용해도 된다.

Chiang Mai, Thailand

Homemade Recipe.

파파야는 껍질을 벗기고 씨를 제거한 다음 채 썬다. 당근과 샬롯도 채 썰어주고, 쪽파는 3센티미터정도로 썬다. 토마토는 방울토마토 정도의 사이즈로 자른다. 보리새우와 땅콩, 마늘은 다진다.

큰 볼에 다져놓은 마늘, 보리새우, 땅콩을 넣고 건고추를 손으로 부숴서 넣는다. 여기에 피시소스, 라임 즙, 설탕을 함께 넣고 잘 섞는다. 그러고 나서 썰어둔 토마토, 쪽파, 미니당근을 넣고 잘 버무리는데 손으로 주물주물 하면서 버무려도 좋고, 포크나 숟가락 두 개를 사용해도 좋다. 토마토를 살짝 으깨주면서 버무리면 토마토에서 맛있는 즙이 나온다. 마지막으로 썰어놓은 파파야를 넣고 골고루 잘 버무린다. 우리는 고수잎도 조금 올렸다.

완성된 서울 버전 쏨땀을 구운 치킨에 곁들여서 먹었는데 정말 맛있었다. 이 메뉴를 가지고 푸드트럭을 하네 마네, 하며 한 시간을 떠들었다. 우리는 내친김에 트럭까지 검색해보며 한참을 호들갑 떨다가 그만 과해진 맥주의 취기에 낮잠을 자버렸다. 낮잠에서 깬 뒤 푸드트럭 얘기는 쏙 들어갔다. 우리의 익숙한 식사 시간 풍경이다.

Table

          Chiang Mai, Thailand

Thai Style Chicken

태국식 치킨

우리나라만큼은 아니겠지만 태국 사람들도 다양한 스타일의 치킨 요리를 즐겨 먹는다. 방콕에 갔을 때는 마늘후라이드치킨이 그렇게 유명하다고 해서 마지막 날 숙소 근처의 유명 치킨집을 들렀는데, 서로를 바라보며 '과연 훌륭해!' 하고 연신 감탄하기도 했다. 치킨 자체의 맛이 특별하다기보다는 치킨과 함께 나오는 고수(!)를 비롯한 각종 향신채와 앞서 소개한 쏨땀이 전체적인 맛의 밸런스를 잘 맞춰준다. 닭다리 한 번 뜯고, 향신채 한 번 맛보고, 또 쏨땀 한 번 잘근잘근 씹다 보면 얼음잔에 담긴 맥주도 바닥을 금세 드러냈다.

얼음잔에 넣어 시원하게 마시는 맥주도 재밌다. 맥주에 소주를 타 소맥으로 만드는 게, 위스키에 진저에일을 넣어 하이볼로 즐기는 게 누군가에게는 이해할 수 없는 일이겠지만, 여행의 감동과 재미는 대개 평소에 접할 수 없는 것들로 둘러싸인 그곳만의 특별한 분위기 혹은 공기에서 찾아온다. 그래서 서울에서 맥주를 얼음잔에 넣어 마시면 뭔가 어색하고 밋밋하다. 공기가 다르니 어쩔 수 없다. 공기는 음식의 맛, 우리의 기분, 술에 취할 때까지 걸리는 시간까지 모두 바꾸어 놓는다. 여행이라는 건 실제로 엄청나게 많은 것을 경험해서 흥분된다기보다, 뒤바뀐 공기 하나 때문에 여행자의 기분에 사로잡히는 경우가 많다. 공기란 게 그만큼 중요하다.

아, 맥주를 얼음잔에 넣어서 마시게 하는 그리운 태국의 공기! 공기를 바꿀 수는 없는 일이니 오늘은 닭고기를 태국식으로 조리해 집에서 먹기로 한다. 그러니 오늘만큼은 시원한 맥주와 함께 얼음도 반드시 필요하다. 왠지 벌써부터 공기가 바뀐 기분이다. 설레기 시작한다.

Chapter 04

Chiang Mai, Thailand

Gai Yang

태국식 닭구이 가이양

Ingredient. (2인 분량)

닭고기 북채 2개, 날개 2개

* 닭 반 마리 기준 양념 : 고수뿌리 3개, 호이신소스 1큰술, 스리랏차소스 1큰술, 피시소스 1/2큰술, 크러시드페퍼 1작은술, 설탕 1큰술, 쌀눈 1/2큰술, 후추 약간

Story.

태국의 야시장에 가면 꼭 있는 메뉴가 바로 닭구이다. 오븐이든 직화든 닭을 주렁주렁 걸어놓고 돌리며 굽는다. 치맥이야 우리나라에서 언제든지 먹을 수 있는 메뉴라서 여행지에서는 특별히 찾아 먹지 않는 편인데 태국식 닭구이는 양념에 피시소스가 들어가서 그런지 우리의 양념 오븐구이와는 또 다른 감칠맛이 매력적이어서 꼭 만들어보고 싶었다. 구글을 검색해 유튜브에 있는 태국 요리사들의 레시피를 몇 개 보았더니 역시나 모두 만드는 법이 다 달랐다.

Homemade Recipe.

내가 만들어본 적이 없는 새로운 요리를 만들 때 주로 사용하는 방법은 일단 가장 베이직한 조리법을 찾아보는 것이다. 책이든 인터넷이든 그 조리법을 다섯 개에서 열 가지 정도 찾아보면 그 요리에 공통적으로 사용하는 재료를 파악할 수 있다. 그러면서 내가 먹어보았던 맛을 기억하고 예상했던 재료를 다시 한번 확인하면서, 몰랐던 재료들도 새롭게 알게 된다. 이렇게 기본 재료를 알고 나면 그 다음부터는 다른 사람의 레시피는 잊고 무작정 만들기 시작한다. 부재료는 내 마음 가는 대로 추가하기도 하고 빼기도 한다. 양념은 맛을 보며 나만의 레시피로 완성한다.

그리하여 오늘의 닭 양념 재료는 일단 기본적으로 피시소스, 호이신소스, 스리랏차 칠리소스, 설탕으로 정했다. 매운맛을 좋아하니 크러시드페퍼도 조금 넣고 후추도 통으로 갈아 넣었다. 양념에 고수를 넣을까 하다가 조금 더 진하게 올라오는 고수향이 좋을 것 같아서 고수 뿌리를 곱게 다져서 넣었다. 그리고 마지막으로 쌀눈 1/2큰술을 더해준다. 갑자기 웬 쌀눈인가 하겠지만 태국 요리를 할 때 종종 쌀가루를 볶아서 감칠맛을 살린다고 하는 어느 셰프의 말을 들은 적이 있다. 당장 쌀가루도 없고 사다가 볶기에는 더더욱 귀찮을 것 같았는데 마침 요즘 쌀눈티를 열심히 마시고 있어서 부엌 한편에 있던 볶은 쌀눈을 넣어보았다.

닭은 통닭을 직접 분해해서 북채와 날개를 사용했다. 작은 통닭을 사용해도 되고, 다리와 날개만 들어 있는 제품을 사서 해도 된다. 물론 닭볶음탕용 닭도 OK. 닭은 미리 우유에 재워서 30분간 두었다가 씻어내고 사용하면 누린내도 없어지고 육질이 좀 더 부드러워진다.

준비한 닭에 분량의 재료를 섞은 양념을 골고루 발라주는데, 살과 껍질의 사이에 손을 넣고 껍질 안쪽으로 양념을 골고루 정성스레 발라주면 양념이 더 잘 배어들어서 구웠을 때 맛이 몇 배는 더 좋아진다. 양념을 발라서 바로 굽는 것보다는 최소 30분 정도는 냉장고에 닭을 넣고 재워두는 것이 좋다.

양념을 바른 닭을 냉장고에 재워두는 동안 쏨땀이든 샐러드든 함께 먹을 만한 다른 요리를 만들면 시간이 딱 맞는다. 30분간 재운 닭고기는 190도로 예열한 오븐에 30분간 굽는다. 중간에 한 번 뒤집어주면 닭이 더 골고루 노릇하게 잘 익는다.

Tom Yum Goong & Tom Yum Goong Pasta

똠얌꿍 & 똠얌꿍파스타

예전에는 여행을 가면 무조건 현지음식을 맛봐야지 김치나 고추장을 찾는 건 촌스러운 일이라고 여겼는데, 요즘은 떠나온 지 며칠만 되면 어느새 속이 느끼해져서 일본에 가서도 김치찌개 생각이 간절해진다. 언제부터인지 우리는 유럽여행에 가서 일주일쯤 지나면 자연스럽게 똠얌꿍 파는 식당을 찾게 됐다. 피렌체에 한 달간 머물렀을 때 근처에 한식당이 없어서 똠얌꿍을 먹으러 가던 것이 이제는 습관이 됐다. 한번은 스페인 남부를 여행하다가 속이 느끼해져서 김치찌개 생각이 정말 간절했었는데, 마침 똠얌꿍을 파는 일식집(!)을 찾아내곤, 들어가 앉자마자 더부룩한 느끼함이 사라지는 신기한 경험을 한 적도 있다. 그에 비해 태국에 와서는 며칠이 지나도 속이 전혀 느끼해지질 않는데 아마도 언제든지 똠얌꿍을 먹을 수 있다는 안도감 때문이 아닐까 싶다.

똠얌꿍의 시큼한 국물 맛을 싫어하는 사람들도 있겠지만 입맛 돌게 하는 케퍼라임과 레몬그라스에 매콤한 칠리페이스트, 새우에서 우러나온 국물과 코코넛밀크의 맛까지 더해지면 우리 부부는 역시 세계 3대 수프라고 불리고도 남을 맛이라면서 "맛있다. 맛있다."를 연발하며 한 그릇을 뚝딱 비워낸다.

한국에서는 똠얌꿍을 수프 외에 다른 방식으로 먹을 수 있다는 생각을 해본 적이 없는데, 방콕과 치앙마이를 다녀보니 흔하지는 않지만 스파게티와 피자로도 즐길 수 있다. 게다가 이게 의외로 맛있다. 똠얌꿍 스파게티는 치앙마이 리조트의 야외 수영장 메뉴판에 있던 요리였다. 그땐 썩 내키진 않았지만 언제 또 먹어볼까 싶어 주문했다가 둘이서 허겁지겁 한 접시를 맛있게 해치웠던 기억이 있다. 뜨거운 태양 아래 수영을 맘껏 즐긴 뒤라 그랬는지도 모르겠다. 하지만 이날 먹은 똠얌꿍스파게티의 이국적인 풍미와 맛은 우리의 기억 속에 분명히 새겨진 몇 안 되는 각인 중 하나가 되었다.

Tom Yum Goong

똠얌꿍

Ingredient. (2인 분량)

식용유 1큰술, 마늘 3톨, 양파 1/2개, 새우 12마리, 토마토 작은 것 2개, 양송이 8개, 레몬그라스 2개,
케피르라임 3장, 고수뿌리 3개, 물 3컵(600ml), 치킨스톡 1개, 칠리페이스트 3큰술, 코코넛밀크 1컵,
피시소스 1.5큰술, 고수잎 한 줌, 라임 1/2개,

Story.

똠tom : 끓이다, 얌yam : 새콤한 맛, 꿍goong : 새우.

말 그대로 새우를 넣고 새콤하게 끓이면 되는 이 세상 간단한 음식은 대반전으로 만들기가 녹록지 않다. 조리 과정이 어렵다기보다는 여기에 들어가는 재료들이 우리에겐 익숙하지 않은 것들이라 똠얌꿍을 만들기 위해서는 큰맘 먹고 외국식재료 마트에 장을 보러 가야 한다. 특히 칠리페이스트는 아직까지 일반 마트나 백화점에서 판매하는 것을 보지 못해서 나는 이태원의 '포린 푸드마트'를 이용한다. 몇 가지는 없어도 똠얌꿍 국물 비슷한 맛을 낼 수 있지만 칠리페이스트(여기에 레몬그라스, 케피스라임, 라임, 고수가 모두 함유되어 있어서 사실상 이것만 있으면 맛이 난다.)랑 코코넛밀크만큼은 없으면 안 된다. 된장찌개에 된장이 꼭 필요한 것과 같은 이치다.

Homemade Recipe.

마늘은 편으로 썰고 양파는 채 썬다. 토마토는 6등분하고 양송이는 2등분 한다. 레몬그라스는 어슷하게 1센티미터 길이로 썰고 새우는 수염과 꼬리 쪽에 있는 물총을 제거하고 깨끗이 씻어둔다.

두꺼운 냄비나 깊이가 있는 팬을 준비한다. 중불로 달구다가 팬이나 냄비가 뜨거워지면 식용유를 두르고 마늘과 레몬그라스, 케피르라임, 고수뿌리를 넣어 향을 낸다. 벌써부터 똠얌꿍의 향이 주방 가득 퍼진다. 이 향을 맡고 있으면 이상할 만큼 마음이 평화로워진다. 향에 취해 깜빡하면 재료들이 타버리고 말 테니 정신을 차리고 이어서 양파와 새우, 양송이를 넣어 새우가 빨갛게 익을 때까지 볶는다.

새우와 채소들이 알맞게 익으면 여기에 물을 붓고 치킨스톡과 칠리페이스트를 넣어 3분 정도 끓인다. 보글보글 끓으면서 새우머리와 채소에서 맛있는 맛이 우러나와 진한 국물을 만든다. 이대로 먹어도 나쁘진 않지만 매콤한 국물을 조금 더 부드럽게 만들어줄 코코넛밀크는 정말 신의 한 수라고 할 만큼 똠얌꿍 맛의 균형을 잡아준다. 코코넛밀크 한 컵을 붓고 모자란 간은 피시소스로 더해준다. 마지막으로 신선한 라임즙을 힘껏 짜 넣고 고수잎을 위에 살포시 올리면, 그토록 그리웠던 똠얌꿍 완성!

여기에 쌀국수 1인분을 넣고 끓여서 먹으면 한 끼 식사로도 좋은 메뉴가 된다.

Tom Yum Goong Spaghetti

똠얌꿍 스파게티

Ingredient. (2인 분량)

스파게티 2인분(100g), 소금 1큰술, 버섯 한 줌, 새우 6개, 양파 1/2개, 칠리페이스트 1작은술, 피시소스 2작은술, 코코넛밀크 1/2컵, 식용유 1큰술, 마늘 5개, 레몬그라스 1개, 카피르라임 4개, 라임 1개, 고수 조금

Story.

방콕에서 똠얌피자가 유명한 집이 있다고 들었는데, 토마토소스 대신 똠얌페이스트와 코코넛밀크로 소스를 만들어 바르고 토핑을 올려 구운 피자라고 한다. 똠얌꿍을 좋아하는 우리 부부가 언젠가 꼭 맛보고 싶은 피자이다. 치앙마이의 리조트 수영장에서 시간을 보내다가 점심을 먹으려고 메뉴판을 살펴보니 똠얌꿍스파게티가 눈에 띄었다. "이건 먹어봐야 해!" 하며 누가 먼저랄 것도 없이 주문을 했다. 역시나 예상한 대로 똠얌꿍(새우가 들어 있었다.) 맛의 스파게티였는데 면과 소스가 전혀 이질적이지 않고 맛이 서로 잘 어울렸다. 만들기도 그다지 어렵지 않은 것 같아 서울로 돌아와 따라서 만들어보았다.

Chiang Mai, Thailand

Homemade Recipe.

스파게티를 끓일 물을 냄비에 먼저 올린다. 마늘은 편으로 썰고 레몬그라스는 어슷하게 썬다. 양파는 채 썰고 버섯은 손으로 찢는다. 새우는 깨끗이 씻어 물기를 빼 둔다. 물이 팔팔 끓으면 소금을 1큰술 넣고 스파게티를 삶는다. 봉투에 적힌 시간대로 면을 삶고 익으면 건져둔다.

Chiang Mai, Thailand

팬에 식용유를 두르고 마늘을 볶는다. 마늘향이 기분 좋게 나기 시작하면 양파와 레몬그라스, 카피르라임을 넣는다. 벌써부터 동남아시아의 향기가 주방 전체에 가득해진다. 여기에 버섯과 새우를 넣고 볶는다. 화이트와인이 있으면 센 불에서 1큰술 정도를 넣어주면 알코올과 함께 잡내를 없애준다. 새우가 익어갈 때쯤 불을 조금 줄이고 칠리페이스트와 코코넛밀크, 피시소스를 넣고 끓이다가 삶아둔 스파게티를 넣고 빠르게 섞으면서 볶는다. 마지막으로 라임즙을 쭉 짜서 넣고 접시에 담은 다음 고수잎으로 장식한다.

Chiang Mai, Thailand

Pad Thai

팟타이

Ingredient. (2인 분량)

볶음용 쌀국수 2인분, 새우 5마리, 달걀 1개, 소금 약간, 식용유 2큰술, 샬롯 2개, 마늘 2쪽, 토마토 1/2개, 부추 약간, 숙주 한 줌, 마른 보리새우 1/2큰술, 땅콩 1큰술

* 볶음소스 : 호이신소스 2큰술, 피시소스 1큰술, 설탕 1큰술, 쌀눈 1/2큰술

Story.

태국 음식 중에서 포(국물쌀국수) 다음으로 많은 사람들이 즐겨 먹는 것이 아마 팟타이(볶음쌀국수)일 것이다. 이제는 마트에서도 팟타이용 소스를 따로 판매하고 있어 보다 손쉽게 팟타이를 만들 수 있게 됐지만, 나는 오래 전 팟타이를 처음 맛보고 나서 내 취향대로 재료와 소스를 넣고 만든 맛이 꽤 괜찮아서 그 이후로도 쭉 같은 방법으로 팟타이를 만들었다. 나중에 태국에서 쿠킹 클래스를 들으러 갔을 때 팟타이를 제대로 배우게 되어 여기에 팜슈가도 들어가고 타마린소스도 들어간다는 것을 알게 되었지만 둘 다 서울에서 쉽게 구할 수 있는 재료도 아니고 해서 지금까지도 계속 이렇게 만들고 있다.

Table

Chiang Mai, Thailand

Homemade Recipe.

볶음용 쌀국수는 미지근한 물에 20분 정도 담가둔다. 샬롯은 채 썰고 마늘은 편으로 썬다. 토마토는 방울토마토 크기로 썰고 부추는 3센티미터 정도 크기로 썬다. 호이신소스, 피시소스, 설탕, 쌀눈(이건 최근에 추가한 재료인데 볶음의 고소한 맛을 한층 살려준다.)을 한데 넣고 잘 섞어 볶음소스를 만든다.

달군 팬에 식용유를 두르고 달걀을 깨뜨려 넣은 다음, 소금을 살짝 뿌려 섞으면서 익힌다. 달걀을 스크램블에그처럼 만든다고 생각하면 된다. 익힌 달걀은 따로 접시에 덜어 둔다.

다시 팬을 달구고 식용유 1큰술을 두른 다음 마늘과 샬롯을 볶는다. 샬롯이 투명하게 익어갈 때쯤 새우를 넣고 익힌다. 새우가 빨갛게 익어가면 마른 보리새우와 숙주, 토마토도 넣고 함께 볶는다.

여기에 불려두었던 쌀국수를 넣고 볶음소스까지 모두 넣어 잘 섞으면서 익힌다. 이때 불은 계속 센 불로 유지해야 한다. 불려놓은 쌀국수가 아직 뻣뻣하다면 불리던 물을 팬에 1큰술 넣어서 익히면 된다. 면에 양념이 배어들기 시작하면 익혀두었던 달걀과 부추를 넣고 섞으면서 볶아 완성한다. (부추는 달걀넣을 때 그냥 넣고 섞는 정도라서 처음에 따로 볶지 않아요.) 접시에 예쁘게 옮겨 담고 고수를 올린 다음 다진 땅콩까지 뿌리면 정말 맛있는 팟타이가 완성된다.

Thai Stir-fried Morning Glory

모닝글로리볶음

Ingredient. (2인 분량)

모닝글로리 150g, 양파 1/2개, 마늘 5쪽, 타이고추 1/2개, 간장 1큰술, 피시소스 1큰술, 설탕 1작은술

Story.

푸켓의 어느 식당 메뉴판에 '모닝글로리볶음'이라고 쓰여 있는 것을 보고 궁금한 마음에 주문을 해보았는데 마치 시금치볶음같이 생긴 음식이 나왔다. '이게 뭘까?' 생각하며 기대 없이 먹기 시작했는데 너무나 맛이 있어서 순식간에 한 접시를 먹어치우고 말았다. 그 이후로 우리는 동남아의 어느 식당에 가든 자연스럽게 먼저 메뉴판에 모닝글로리볶음이 있는지를 확인한다. 짭조름하게 간이 되어 있는 이 채소볶음은 특별한 맛이 아닌데도 맥주 안주로도 좋고, 다른 음식에 곁들이기에도 좋은 데다 채소라는 생각에 부담도 없어서 자꾸자꾸 손이 간다. 집에서 간단히 맥주 한잔할 때 만들어 먹기에 딱 좋겠다는 생각을 했는데 이놈의 모닝글로리가 한국의 마트에서는 팔지를 않아서, 가끔 촬영 때문에 농장에 주문을 할 때 남은 것으로 몇 번 만들어 먹어본 게 다였다.

얼마 전에 이 볶음이 무척 생각이 나서 농장에서 주문을 해볼까 고민하던 차에 마트에서 모닝글로리를 팔고 있다는 우리 스튜디오 직원의 제보를 듣고 얼른 달려가 두 봉지를 사왔다. 그렇게 기다리던 나의 모닝글로리는 '공심채'라는 이름으로 포장이 되어 있었는데, 이 채소는 가운데 속이 비어 있기 때문에 말 그대로 공심채(空心菜)라는 이름이 딱 어울린다.

Chiang Mai, Thailand

Homemade Recipe.

공심채는 깨끗이 씻어서 5~6센티미터 정도 길이로 썰고 양파는 채 썬다. 양파는 꼭 넣지 않아도 되지만 공심채는 볶고 나면 양이 적어지기 때문에 이번에는 양파도 같이 넣었다. 마늘은 굵게 다지고 타이고추는 송송 썬다.

Chiang Mai, Thailand

센 불에 팬을 달구고 식용유를 두른다. 마늘, 양파를 넣고 볶다가 썰어 놓은 공심채와 타이고추, 간장, 피시소스, 설탕을 넣고 볶는다. (누구는 태국식 된장으로 볶고 또 누구는 피시소스만 넣고 볶기도 한다는데 나는 보통 피시소스와 간장을 넣어 만든다.) 공심채와 소스를 넣고부터는 매우 빠른 손동작으로 타지 않도록 순식간에 볶아야 한다. 타는 것이 무서워서 불을 줄이게 되면 채소에서 물이 나와서 볶음의 맛이 덜해진다. 다 볶아진 공심채는 접시에 담아 바로 먹는다. 이를 위해 맥주는 미리 따라놓았다가 공심채가 완성되자마자 건배를 한다.

Yum Woon Sen

얌운센

Ingredient. (2인 분량)

버미셀리 100g, 오징어 작은 것 1마리, 새우 4마리, 토마토 1개, 샬롯 1개, 영양부추 한 줌, 고수 한 줌

* 드레싱 재료 : 건고추 2개, 피시소스 2큰술, 설탕 2큰술, 타이칠리소스 3큰술, 라임즙 1개분, 식초 2큰술

Story.

나는 푸드스타일리스트가 되기 전, 동남아 요리를 전문으로 하시는 요리연구가 선생님 밑에서 일 년 정도 일한 적이 있다. 주로 하던 일은 쿠킹 클래스 진행을 위한 재료 준비와 밑손질, 그리고 클래스 진행 시간에 시식용 음식을 만드는 일이었다. 당시만 해도 동남아 여행을 한 번도 가보지 않은 때라서 모든 음식이 정말 신기하게만 느껴졌는데, 그중에서도 이름마저 요상한 '얌운센'은 내 입맛을 완전히 사로잡았던 메뉴였다. 잡채같이 생겼는데 새콤달콤하고, 해산물이 함께 들어 있어 해산물 냉채 같으면서도 피시소스로 짭조름 하게 무쳐져서 이 모든 재료의 맛이 잘 어우러지는 느낌이었다. 그 당시에는 수업 때문에도 그렇고 식사 대용으로도 꽤 많은 양의 얌운센을 만들었던 것 같은데 이제는 10년도 더 지난 일이라 레시피가 잘 생각 이 나질 않아 집에 있는 재료로 다시 만들어보았다. 남편은 얌운센을 거의 먹어본 적이 없다고 하는데 어 쩐지 자꾸만 먹게 되는 맛이라며 "재료의 맛이 정말 잘 어우러지는 것 같다."는, 내가 10년 전에 했던 말 과 똑같은 말을 했다.

Homemade Recipe.

먼저 버미셀리(가는 쌀국수)를 미지근한 물에 20분 정도 불려두었다가 끓는 물에 10초 정도만 넣었다가 빼고, 찬물에 헹궈 물기를 빼둔다. 오징어와 새우도 끓는 물에 데친 다음 오징어는 얇게 썰고, 새우는 반으로 썰어둔다.

토마토는 한입 크기로 썰고 샬롯은 채 썬다. 영양부추와 고수는 샬롯과 비슷한 길이로 썰어준다. 건고추는 손으로 부수고 피시소스, 설탕, 타이칠리소스, 라임즙, 식초를 한데 넣고 섞어서 드레싱을 만든다.

큰 볼에 식혀둔 버미셀리와 썰어둔 해물, 채소, 드레싱을 모두 넣고 골고루 버무린다. 잡채를 무치듯이 비
닐 장갑을 끼고 편하게 버무리면 된다. 완성된 요리를 접시에 담을 때는 토마토를 한 줄로 줄지어 놓고 그
옆에 얌운센을 먹음직스럽게 담은 다음, 고수잎을 몇 개 더 올려주면 색감이 더욱 먹음직스럽게 보인다.

Poo Pad Pong Karee

푸팟퐁커리

Ingredient. (2인 분량)

소프트크랩 3마리, 튀김가루 4큰술, 튀김용 기름 2컵, 식용유 1큰술, 마늘 4톨, 마른고추 4개, 양파 1/2개,

줄기콩 5개, 양송이버섯 6개, 토마토 2개, 물 2컵, 카레가루 3큰술, 큐민가루 1.5큰술, 피시소스 1큰술,

달걀 1개, 코코넛밀크 2컵, 고수잎 약간, 밥 2공기

Story.

식당에 가서 이 메뉴를 주문할 때마다 왠지 모르게 혼잣말로 먼저 발음해보게 된다. 푸팟퐁커리. 한글에서

는 좀처럼 발음할 일이 없는 'ㅍ'의 3연속이라니, 이걸 제대로 발음해서 주문을 하고 나면 그렇게 뿌듯할 수

가 없다. 소프트크랩으로 만드는 이 요리는 서울의 태국레스토랑에서도 늘 인기 있는 메뉴인데 소프트크랩

의 수급이 여의치 않아서 종종(아니 꽤 자주…) 냉동게나 새우로 대체되곤 한다. 이 요리의 포인트는 부드

럽고 고소하게 씹히는 소프트크랩의 맛인데 그렇게 쉽게 다른 재료로 대신해버리다니 안타까울 따름이다.

사실 이 메뉴는 우리가 여행지에 가서 사 먹은 적이 없다. 그런데 남편의 간곡한 부탁(?)으로 우리의 식탁

레시피로 소개하기로 결정했다. 이 맛있는 맛을 여러 사람들에게 알리라나 뭐라나.

Table

Homemade Recipe.

나는 소프트크랩을 노량진수산시장에서 구입하는데 녹색창에 검색을 해보니 온라인에서도 쉽게 구입이 가능한 것 같다. 허물을 벗기 전인 부드러운 블루크랩을 소프트크랩이라고 하는데 태국, 대만, 베트남 등 동남아시아에서 주로 생산, 판매된다. 냉동으로 수입되기 때문에 사용할 양만큼만 그때그때 꺼내서 쓴다. 요리를 하기 위해 꺼내서 흐르는 물에 한 번 씻고 키친타월을 받쳐두면 금세 녹는다. 소프트크랩이 녹는 동안 튀김 기름을 예열하고 다른 재료들도 손질을 시작한다. 마늘은 편으로 썰고 양파는 채 썬다. 줄기콩은 4센티미터로 썰고 양송이버섯은 2등분, 토마토는 6등분 한다.

기름에 나무젓가락을 넣어본다. 젓가락 주변으로 기포가 보글보글 올라오면 튀길 수 있는 온도가 된 것이다. 180~190도 정도일 테니 튀기는 동안 기름이 튀지 않도록 주의한다. 해동시켜둔 소프트크랩은 물기를 최대한 뺀다. 그리고 6등분 정도로 토막을 내서 표면에 튀김가루를 골고루 묻힌다. 2~3번을 덧입혀서 최대한 물기가 없도록 한다. 튀김 기름에 물이 들어가면 물이 폭발해버려서 큰 사고가 날 수 있으니 정신을 똑바로 차려야 한다. 다행히 아직까지 그런 사고는 없었지만 튀김요리를 할 때는 아직도 늘 긴장이 된다. 튀김 기름에 소프트크랩을 한 조각씩 조심스레 넣는다. '챠~~~아~~' 하면서 소프트크랩 주변으로 보글보글 기포가 끊임없이 움직인다. 1분 남짓이면 빨갛게 익은 것이 눈으로 확인된다. 튀김망 위에 건져내서 한김 식혀두었다가 다시 한번 30초 정도 바삭하게 튀겨낸다. 이대로 먹어도 정말 맛있는 게 튀김이라 부스러기 몇 개를 입으로 가져간다.

     Chiang Mai, Thailand

이제 조금 깊이가 있는 팬에 식용유를 두른다. 마늘, 마른고추, 양파, 양송이버섯을 볶는다. 양파가 투명하게 볶아지면 카레가루와 큐민가루를 넣어 골고루 잘 섞어가며 볶는다. 가루가 뭉치지 않고 잘 섞였으면 물을 붓고 끓인다. 물이 끓기 시작하면 썰어둔 토마토와 껍질콩도 넣고 코코넛밀크와 피시소스도 넣는다. 보글보글 끓으면 계란 하나를 깨뜨려 넣어 휘휘 젓는다. 라면을 끓이다가 마지막에 계란을 넣는 것처럼 계란이 풀어지는 것이 싫으면 조금만 젓고 걸쭉하게 풀어지는 것이 좋으면 더 열심히 저으면 된다. 튀겨놓은 소프트크랩은 여기에 넣고 한 번 섞어줘도 되고 카레를 담은 뒤에 올려줘도 괜찮다. 매콤한 커리의 향에 토마토와 껍질콩의 색감이 더해져 식욕을 한 번 더 자극한다. 밥과 고수를 곁들이고 오늘 같은 날 빠지면 섭섭한 생강초절임도 꺼낸다. 오늘은 상큼한 레몬을 통으로 짜넣은 하이볼도 사이 좋게 한 잔씩.

Chiang Mai, Thailand

Watermelon Juice

땡모반

태국에서 우리가 물처럼 마시고 다녔던 것이 바로 수박주스, 땅모반이다. 태국 야시장이나 길거리 상점에서는 우리돈 천 원 정도면 땅모반을 살 수 있다. 이 주스는 생과일과 얼음만 넣고 갈아주는데도 맛이 정말 훌륭해서 물보다 주스를 더 많이 사먹게 될 정도였다. 덥고 습한 태국의 날씨 때문에 계속 갈증이 생기다 보니 생과일주스 중에서도 덜 달고 수분이 많은 수박주스를 자연스럽게 자주 선택하게 됐는데, 이걸 계속 먹다 보니 왜 그동안 우리는 수박을 갈아서 먹을 생각을 진작 하지 못했을까 하는 생각이 들었다.

Table

Watermelon Juice

땡모반

Ingredient.

수박 1/2통, 얼음 2컵, 소금 1꼬집, 설탕 1큰술

Story.

땡모반을 만들기 위해 수박 한 통을 사와서 스튜디오 식구들한테 수박주스 만들어주겠다고 온갖 생색을 다 내고 수박을 반으로 쩍 갈랐다. 그리고 그 안에 박혀 있는 수많은 씨를 보며 아차 싶었다. 그렇다. 우리나라 수박은 씨가 이렇게 많아서 다들 갈아 먹지 않는 거였구나…(물론 마트에 가면 씨 없는 수박도 나옵니다.) 하지만 이왕 시작했으니 어쩔 수 없다.

Chapter 04

Homemade Recipe.

포크로 씨를 열심히 발라내며 숟가락으로 수박을 파내기 시작했다. 씨가 들어가서 갈리면 떫은맛이 날 것 같아서 세심하게 발라내다 보니 20분은 족히 걸린 것 같다. 이렇게 파낸 수박 과육을 잠시 냉동실에 넣어두었다. 원래는 아예 수박을 얼려서 차갑게 만든 다음 얼음도 넣지 않고 갈아서 순수한 수박 맛이 나는 땡모반을 만들 계획이었다. 하지만 씨를 발라내는데 너무 많은 시간을 허비해버린 탓에 냉동실에서 10분 만에 다시 꺼내 믹서기에 얼음과 함께 넣었다. 그리고 설탕 1큰술과 소금 1꼬집을 넣었다.

태국에서 먹었던 수박주스는 정말 달콤한 맛이었는데 우리가 사온 수박 맛을 보니 조금 덜 익었는지 단맛이 부족했다. 설탕을 더 넣을까 하다가 대학교 때 조리원리 시간에 배웠던 '맛의 상승작용(단맛에 소금을 조금 넣으면 오히려 더 단맛이 상승됨)'이 생각나서 소금을 1꼬집 넣었다.

믹서기로 잘 갈아낸 주스를 살을 다 파내고 남은 수박통에 담았다. 한 국자씩 떠서 먹으면 좋을 것 같아서 일단 붓기는 했는데, 다들 바빠 보여서 유리잔을 가져와 다시 한 잔씩 나눠 담고, 남은 수박을 썰어 가니쉬로 잔 윗부분에 끼워주었다. 한 잔씩 맛보여주니 설탕과 소금이 들어간 줄을 알 리가 없는 사람들이 수박이 아주 달고 맛있다며 좋아한다.

Chiang Mai, Thailand

같은 모습을 한 사람들이 같은 언어를 쓰고, 같은 헌법의 영향 아래에서 살아가는 같은 나라라도 모두가 같은 음식을 먹는 건 아니다. 예전에는 그 경계가 더 뚜렷했다. 우리만 해도 경상도와 전라도가 다르고, 같은 경상도라 해도 대구와 부산이 다르다. 부산에서 태어나 유년기를 보낸 내가 1995년에 서울로 이사하고 가장 충격을 받은 건, 사람들이 순대를 (순대 전용) 쌈장이 아닌 소금에 찍어 먹는 것이었는데 처음 몇 년간은 도저히 적응이 되지 않아 '이걸 도대체 무슨 맛으로 먹는 거야?' 라며 순대를 먹을 때마다 툴툴댔다. 해물탕이라는 것도 서울에 올라와서 처음으로 먹어본 것 같다. 부산에서 해물은 싱싱함 그 자체라 익히거나 끓여 먹는 걸 상당히 꺼려했고, 우리 집에서는(바닷가 근처라 더 그랬던 것 같지만) 식탁에 해물을 끓여 올리는 일이 일절 없었다. 이처럼 음식은 한 나라 안에서도 변화무쌍한 것이라, 산맥의 경계만으로도 기후와 산지, 그리고 물이 바뀌면 완전히 다른 종류의 것이 된다. 그러니 애당초 '한국음식', '일본음식', '태국음식'으로 대충 뭉뚱거려 분류하는 것 자체가 무리일지도 모르겠다.

면적 기준으로 남한의 5배 정도 되는 태국을 좀 더 관심있게 들여다보면 북north과 남south, 그리고 중앙central과 북동northeast, 이렇게 총 4개의 지역으로 크게 구분된다. 치앙마이는 그중 북쪽 지방에 자리 잡고 있고, 푸켓과 방콕은 각각 남쪽 지방과 중앙 지방을 대표한다. 우리가 흔히 태국음식이라고 알고 있는 많은 것들의 대부분은 방콕, 즉 중앙 지방의 조리법을 따르는 경우가 많다. 그러니까 치앙마이에서 '북태국요리'라는 건 로컬푸드인 셈이니, 처음으로 치앙마이 시내에 나와서 일반 태국 식당이 아닌 북태국 음식점을 찾는 건 지극히 자연스러운 일이다.

이 지역의 음식은 국경을 맞대고 있는 라오스와 미얀마, 그리고 중국으로부터 영향을 상당히 많이 받은 것으로 알려져 있다. 수프나 카레류는 다른 태국 지방과 달리 코코넛밀크를 사용하지 않아서 맑고 깨끗한 느낌으로, 1년 내내 무더운 태국 남쪽의 음식보다는 덜 맵고, 중앙 지방의 음식보다는 덜 짜다고 한다. 우리나라도 남쪽으로 갈수록 음식이 맵고 짜니 이런 공통점도 재밌다.

우리가 찾은 '떵뗌또 ^{Tong Tem Toh}'라는 음식점은 태국 전통의 느낌이 물씬 나면서도 젊고 트렌디한 느낌으로 꾸며져 있어 고객들의 연령대가 대체로 낮은 느낌이다. 당연히 외국인도 많다. 점심 때는 숯불 요리를 즐길 수 없지만, 북태국음식을 대표하는 수십여 가지의 다양한 메뉴가 우리의 침샘을 자극하고 있으니 굳이 신경쓰이지 않는다. 리조트로 돌아가서 남은 며칠을 서울이나 뉴욕보다 비싼 음식을 또 먹어야 한다고 생각하니 하나라도 더 시켜보자는 심산이라 일단은 다양한 음식을 한 접시에 먹을 수 있는 샘플러를 주문했다. 그리고 시원한 국물 맛이 특색이라는 닭고기스튜와 우리가 사랑하는 동남아 향신채가 듬뿍 들어갔다는 버섯 요리도 같이 시키니 테이블 하나가 이미 가득 찬다.

참고로 샘플러엔 데친 채소, 태국식 소세지, 돼지껍데기튀김이 '남프릭눈 ^{Nam Prik Noom}'이라 불리는 북태국식 소스와 함께 제공된다. 언뜻 보기엔 또띠아칩을 찍어먹는 멕시칸살사 혹은 칠리소스 같지만, 역시 레몬그라스나 고수 등의 향이 강하다. 이것마저 우리 입맛에 딱 맞다. 이렇게 개성 강한 음식들을 꺼려하지 않고, 함께 끝까지 비워버릴 수 있는 사람과 여행하는 건 우리가 살면서 누릴 수 있는 축복 중 가장 큰 행운이라는 생각을 이번 여행들을 통해 점점 굳혀가고 있다.

Lif

Beau

Traveler's Table.

is

iful.

IM
IN
GUN
ALL
THAT
JEJU

차 리 다 가 차 린 여 행 지 의 맛

여행자의 식탁

1판 1쇄 발행 2018년 1월 15일
1판 2쇄 발행 2018년 3월 26일

지은이 김은아, 심승규
펴낸이 김기옥

실용본부장 박재성
편집 이나리, 손혜인, 박인애
영업 김선주
커뮤니케이션 플래너 서지운

지원 고광현, 김형식, 임민진
인쇄 · 제본 현문인쇄

펴낸곳 한스미디어(한즈미디어(주))
주소 121-839 서울시 마포구 서교동 양화로 11길 13(서교동, 강원빌딩 5층)
전화 02-707-0337 **팩스** 02-707-0198 **홈페이지** www.hansmedia.com
출판신고번호 제 313-2003-227호 **신고일자** 2003년 6월 25일

ISBN 979-11-6007-223-5 13590
책값은 뒤표지에 있습니다.
잘못 만들어진 책은 구입하신 서점에서 교환해 드립니다.